煤炭行业特有工种职业技能鉴定培训教材

矿 井 防 尘 工

（初级、中级、高级）

·修订本·

煤炭工业职业技能鉴定指导中心　组织编写

煤 炭 工 业 出 版 社

·北　京·

内 容 提 要

　　本书分别介绍了初级、中级、高级矿井防尘工职业技能考核鉴定的知识要求和技能要求。内容包括矿井粉尘及其危害与治理、矿井防尘系统、隔爆设施、规程规定、巷道粉尘清除、粉尘尘源分析和防尘管路系统故障处理等知识。

　　本书是矿井防尘工职业技能考核鉴定前的培训和自学教材。

本书编审人员

主　编　张贤友

副主编　于敬香

编　写　魏献昌　李　光　夏孝明

主　审　王振平

审　稿　张祥云　李　光　王念红

修　订　魏献昌

前 言

为了进一步提高煤炭行业职工队伍素质，加快煤炭行业高技能人才队伍建设步伐，实现煤炭行业职业技能鉴定工作的标准化、规范化，促进其健康发展，根据国家的有关规定和要求，煤炭工业职业技能鉴定指导中心组织有关专家、工程技术人员和职业培训教学管理人员编写了这套《煤炭行业特有工种职业技能鉴定培训教材》，作为国家职业技能鉴定考试的推荐用书。

本套职业技能鉴定培训教材以相应工种的职业标准为依据，内容上力求体现"以职业活动为导向，以职业技能为核心"的指导思想，突出职业培训特色。在结构上，针对各工种职业活动领域，按照模块化的方式，分初级工、中级工、高级工、技师、高级技师五个等级进行编写。每个工种的培训教材分为两册出版，其中初级工、中级工、高级工为一册，技师、高级技师为一册。

本套教材自 2005 年陆续出版以来，现已出版近 50 个工种的初级工、中级工、高级工教材和近 30 个工种的技师、高级技师教材，基本涵盖了煤炭行业的主体工种，满足了煤炭行业高技能人才队伍建设和职业技能鉴定工作的需要。

本套教材出版至今已 10 余年，期间煤炭科技发展迅猛，新技术、新工艺、新设备、新标准、新规范层出不穷，原教材有些内容已显陈旧，已不能满足当前职业技能鉴定工作的需要，特别是我国煤矿安全的根本大法——《煤矿安全规程》（2016 年版）已经全面修订并颁布实施，因此我们决定对本套教材进行修订后陆续出版。

本次修订不改变原教材的框架结构，只是针对当前已不适用的技术及方法、淘汰的设备，以及与《煤矿安全规程》（2016 年版）及新颁布的标准规范不相符的内容进行修改。

技能鉴定培训教材的编写组织工作，是一项探索性工作，有相当的难度，加之时间仓促，缺乏经验，不足之处恳请各使用单位和个人提出宝贵意见和建议。

煤炭工业职业技能鉴定指导中心

2016 年 6 月

目　　录

第六部分　高级矿井防尘工技能要求

职 业 道 德

一、职业道德基本知识

1. 职业道德的含义

所谓职业道德，就是同人们的职业活动紧密联系的符合职业特点要求的道德准则、道德情操与道德品质的总和，它既是对本职人员在职业活动中行为的要求，同时又是本职业对社会所负的道德责任与义务。职业道德的主要内容包括爱岗敬业、诚实守信、办事公道、服务群众、奉献社会等。

职业道德的含义包括以下 8 个方面：

（1）职业道德是一种职业规范，受社会普遍的认可。

（2）职业道德是长期以来自然形成的。

（3）职业道德没有确定形式，通常体现为观念、习惯、信念等。

（4）职业道德依靠文化、内心信念和习惯，通过员工的自律实现。

（5）职业道德大多没有实质的约束力和强制力。

（6）职业道德的主要内容是对员工义务的要求。

（7）职业道德标准多元化，不同企业可能具有不同的价值观，其职业道德的体现也有所不同。

（8）职业道德承载着企业文化和凝聚力，影响深远。

每个从业人员，不论从事哪种职业，在职业活动中都要遵守职业道德。要理解职业道德需要掌握以下 4 点：

（1）在内容方面，职业道德总是要鲜明地表达职业义务、职业责任以及职业行为上的道德准则。它不是一般地反映社会道德和阶级道德的要求，而是要反映职业、行业以至产业特殊利益的要求；它不是在一般意义上的社会实践基础上形成的，而是在特定的职业实践基础上形成的，因而它往往表现为某一职业特有的道德传统和道德习惯，表现为从事某一职业的人们所特有的道德心理和道德品质。

（2）在表现形式方面，职业道德往往比较具体、灵活、多样。它总是从本职业交流活动的实际出发，采用制度、守则、公约、承诺、誓言、条例，以及标语口号之类的形式。这些灵活的形式既易于从业人员接受和实行，也易于形成一种职业道德习惯。

（3）从调节的范围来看，职业道德一方面用来调节从业人员内部关系，加强职业、行业内部人员的凝聚力；另一方面也用来调节从业人员与其服务对象之间的关系，从而塑造本职业从业人员的形象。

（4）从产生的效果来看，职业道德既能使一定的社会道德原则和规范"职业化"，又能使个人道德品质"成熟化"。职业道德虽然是在特定的职业生活中形成的，但它绝不是离开社会道德而独立存在的道德类型。职业道德始终是在社会道德的制约和影响下存在和发展的；职业道德和社会道德之间的关系，就是一般与特殊、共性与个性之间的关系。任何一种形式的职业道德，都在不同程度上体现着社会道德的要求。同样，社会道德在很大程度上都是通过具体的职业道德形式表现出来的。同时，职业道德主要表现在实际从事一定职业的成年人的意识和行为中，是道德意识和道德行为成熟的阶段。职业道德与各种职业要求和职业生活结合，具有较强的稳定性和连续性，形成比较稳定的职业心理和职业习惯，以至于在很大程度上改变人们在学校生活阶段和少年生活阶段所形成的品行，影响道德主体的道德风貌。

2. 职业道德的特点

职业道德具有以下几方面的特点：

（1）适用范围的有限性。每种职业都担负着一种特定的职业责任和职业义务，各种职业的职业责任和义务各不相同，因而形成了各自特定的职业道德规范。

（2）发展的历史继承性。由于职业具有不断发展和世代延续的特征，不仅其技术世代延续，其管理员工的方法、与服务对象打交道的方法等，也有一定的历史继承性。

（3）表达形式的多样性。由于各种职业道德的要求都较为具体、细致，因此其表达形式多种多样。

（4）兼有纪律规范性。纪律也是一种行为规范，但它是介于法律和道德之间的一种特殊规范。它既要求人们能自觉遵守，又带有一定的强制性。就前者而言，它具有道德色彩；就后者而言，又带有一定的法律色彩。也就是说，一方面遵守纪律是一种美德；另一方面遵守纪律又带有强制性，具有法令的要求。例如，工人必须执行操作规程和安全规定，军人要有严明的纪律等等。因此，职业道德有时又以制度、章程、条例的形式表达，让从业人员认识到职业道德又具有纪律的规范性。

3. 职业道德的社会作用

职业道德是社会道德体系的重要组成部分，它一方面具有社会道德的一般作用；另一方面又具有自身的特殊作用，具体表现在：

（1）调节职业交往中从业人员内部以及从业人员与服务对象之间的关系。职业道德的基本职能是调节职能。它一方面可以调节从业人员内部的关系，即运用职业道德规范约束职业内部人员的行为，促进职业内部人员的团结与合作。如职业道德规范要求各行各业的从业人员，都要团结、互助、爱岗、敬业，齐心协力地为发展本行业、本职业服务。另一方面职业道德又可以调节从业人员和服务对象之间的关系。如职业道德规定了制造产品的工人要怎样对用户负责，营销人员怎样对顾客负责，医生怎样对病人负责，教师怎样对学生负责，等等。

（2）有助于维护和提高一个行业和一个企业的信誉。信誉是一个行业、一个企业的形象、信用和声誉，指企业及其产品与服务在社会公众中的信任程度。提高企业的信誉主要靠提高产品的质量和服务质量，因而从业人员职业道德水平的提升是提高产品质量和服务质量的有效保证。若从业人员职业道德水平不高，就很难生产出优质的产品、提供优质的服务。

（3）促进行业和企业的发展。行业、企业的发展有赖于高的经济效益，而高的经济效益源于高的员工素质。员工素质主要包含知识、能力、责任心三个方面，其中责任心是最重要的。而职业道德水平高的从业人员，其责任心是极强的，因此，优良的职业道德能促进行业和企业的发展。

（4）有助于提高全社会的道德水平。职业道德是整个社会道德的重要组成部分。职业道德一方面涉及每个从业者如何对待职业，如何对待工作，同时也是一个从业人员的生活态度、价值观念的表现，具有较强的稳定性和连续性。另一方面，职业道德也是一个职业集体，甚至是一个行业全体人员的行为表现。如果每个行业、每个职业集体都具备优良的职业道德，将会对整个社会道德水平的提升发挥重要作用。

二、职业守则

通常职业道德要求通过在职业活动中的职业守则来体现。广大煤矿职工的职业守则有以下几个方面。

1. 遵守法律法规和煤矿安全生产的有关规定

煤炭生产有它的特殊性，从业人员除了遵守《煤炭法》《安全生产法》《煤矿安全规程》《煤矿安全监察条例》以外，还要遵守煤炭行业制定的专门规章制度。只有遵法守纪，才能确保安全生产。作为一名合格的煤矿职工，应该遵守煤矿的各项规章制度，遵守煤矿劳动纪律，尤其是岗位责任制和操作规程、作业规程，处理好安全与生产的关系。

2. 爱岗敬业

热爱本职工作是一种职业情感。煤炭是我国当前的主要能源，在国民经济中占举足轻重的地位。作为一名煤矿职工，应该感到责任重大，感到光荣和自豪；应该树立热爱矿山、热爱本职工作的思想，认真工作，培养职业兴趣；干一行、爱一行、专一行，既爱岗又敬业，干好自己的本职工作，为我国的煤矿安全生产多做贡献。

3. 坚持安全生产

煤矿生产是人与自然的斗争，工作环境特殊，作业条件艰苦，情况复杂多变，不安全因素和事故隐患多，稍有疏忽或违章，就可能导致事故发生，轻则影响生产，重则造成矿毁人亡。安全是煤矿工作的重中之重。没有安全，生产就无从谈起。安全是广大煤矿职工的最大福利，只有确保了安全生产，职工的辛勤劳动才能切切实实、真真正正地对其自身生活产生较为积极的意义。作为一名煤矿职工，一定要按章作业，努力抵制"三违"，做到安全生产。

4. 刻苦钻研职业技能

职业技能，也可称为职业能力，是人们进行职业活动、完成职业责任的能力和手段。它包括实际操作能力、业务处理能力、技术能力以及相关的科学理论知识水平等。

经过新中国成立以来几十年的发展，我国的煤炭生产也由原来的手工作业逐步向综合机械化作业转变，建成了许多世界一流的现代化矿井，特别是国有大中型矿井，大都淘汰了原来的生产模式，转变成为现代化矿井，高科技也应用于煤炭生产、安全监控之中。所有这些都要求煤矿职工在工作和学习中刻苦钻研职业技能，提高技术能力，掌握扎实的科学知识，只有这样才能胜任自己的工作。

5. 加强团结协作

一个企业、一个部门的发展离不开协作。团结协作、互助友爱是处理企业团体内部人与人之间，以及协作单位之间关系的道德规范。

6. 文明作业

爱护材料、设备、工具、仪表，保持工作环境整洁有序，文明作业；着装符合井下作业要求。

第一部分

初级矿井防尘工知识要求

第一章　矿井粉尘及其危害与治理措施

第一节　粉尘及其危害

一、粉尘

1. 粉尘的概念

粉尘是矿井建设和生产过程中所产生的各种矿物微粒的总称，因其颗粒直径很小，常用 μm（微米）来表示。

粉尘可以长期地悬浮于空气中或沉降下来。悬浮于空气中的粉尘叫作浮尘，沉降下来的粉尘叫作落尘。粉尘在空气中悬浮时间的长短取决于尘粒的大小、质量、形状，以及空气的温度、湿度和风速等条件。因此当外界条件改变时，浮尘与落尘可以互相转化。

各种粒度的粉尘在整个粉尘中所占的百分比叫作粉尘分散度。

2. 粉尘的产生

井下粉尘主要是在生产过程中生成的，煤层或围岩中由于地质作用生成的原生粉尘是井下粉尘的次要来源。

井下粉尘的产生量，以采掘工作面最高；其次在运输系统中的各转载点，因煤和岩石遭到进一步破碎，也将产生相当数量的粉尘。

粉尘的产生，因煤炭开采方法和所使用的机械、生产工序、工艺的不同而不同。随着生产的发展和机械化程度的不断提高，粉尘的生成量也必将增大，防尘工作也就更加重要。

二、粉尘的危害性

（一）粉尘对人体的主要危害

如果人的肺部长期吸入大量的粉尘就会得尘肺病。尘肺病是目前危害较大的一种矿工职业病。

尘肺病的发生，与以下条件有关：①空气中粉尘的游离二氧化硅含量；②空气中粉尘粒度；③空气中粉尘浓度；④工作人员身体健康状况。

粉尘中如果游离二氧化硅含量越大、粉尘粒度越细（小于 5 μm），而且粉尘浓度越大，则其危害越大。如果不采取防尘措施，会使工作人员发病工龄缩短。在同样条件下，得病率也与本人健康状况、年龄、营养等条件有关。

此外，如果皮肤沾染粉尘，阻塞毛孔，能引起皮肤病或发炎；粉尘进入眼睛会刺激眼膜，引起角膜炎，造成视力减退；粉尘吸入人体，会刺激呼吸系统，引起上呼吸道的炎症等疾病。

（二）粉尘对矿井的危害

井下作业地点粉尘浓度高，会影响视线，不利于及时发现事故隐患，会增加机械人身事故的发生。

另外，井下煤尘在一定条件下，会发生爆炸事故，造成人员伤亡、设备破坏，甚至整个矿井的毁坏。

煤尘爆炸后，爆炸地点的温度可达 $2300 \sim 2500 \, ℃$，使气体迅速膨胀产生高压，并形成冲击波迅速向外传播，其速度可达 $200 \sim 300 \, m/s$，甚至更高。国外计算出的煤尘爆炸火焰最大传播速度为 $1120 \, m/s$，计算出的冲击波最大传播速度为 $2340 \, m/s$。冲击波会将巷道中的落尘扬起并为爆炸的延续和扩大补充尘源，造成连续爆炸。煤尘爆炸后，气体产物中含有大量二氧化碳和一氧化碳，因此，煤尘爆炸事故会造成大量人员一氧化碳中毒死亡。

煤尘发生爆炸必须具备以下三个条件。

1. 煤尘自身为爆炸危险性煤尘

煤矿生产中产生的煤尘不是都具有爆炸危险性的。有的煤尘在热源作用下只能燃烧，不会发展到爆炸；有的煤尘在热源作用下，不仅会燃烧，而且会发生爆炸，这种煤尘称为具有爆炸危险性煤尘。它是发生煤尘爆炸的基本条件。煤尘是否具有爆炸性，主要决定于它的挥发分含量，挥发分含量大于 10.6 的煤尘一般都具有爆炸危险性。根据煤尘爆炸性鉴定统计，我国 90% 以上煤矿的煤尘都具有爆炸危险性。

2. 煤尘达到一定浓度

井下具有爆炸危险性的煤尘只有达到一定浓度，才有可能发生爆炸。煤尘爆炸浓度也有一定范围，这个范围在下限浓度和上限浓度之间。空气中能发生爆炸的最低煤尘浓度，称为煤尘的爆炸下限浓度，简称为爆炸下限；空气中能发生爆炸的最高煤尘浓度，称为煤尘的爆炸上限浓度，简称为爆炸上限。一般情况下，各种煤尘爆炸下限的最小值为 $45 \, g/m^3$；煤尘爆炸上限，最大可达 $2000 \, g/m^3$。煤尘爆炸的强度在 $300 \sim 400 \, g/m^3$ 时为最高。因此，煤尘爆炸是在爆炸下限和爆炸上限之间的范围内发生的。

3. 有能够引起爆炸的火源

除具备上述两个条件外，还必须有足够能量的热源，即存在引爆火源。

引爆煤尘的温度因煤尘的可燃挥发分含量和环境条件不同而不同。引爆温度一般为 $700 \sim 800 \, ℃$，有时可达 $1100 \, ℃$。井下能引起煤尘云爆炸的高温热源很多，如爆破作业时产生的炸药火焰、电气设备产生的电火花、提升运输及采掘机械设备产生的摩擦火花、架线机车及电缆破坏产生的电弧、瓦斯燃烧或爆炸、井下火灾或明火、矿灯故障产生的火花等。

另外，氧气含量的变化也会改变煤尘的点燃温度。氧气增加，煤尘点燃温度降低，在纯氧中点燃，温度可降低到 $430 \sim 600 \, ℃$。空气中氧气减少时，引爆煤尘会变得困难，当空气中的氧气含量小于 18% 时，煤尘就不会爆炸。但是必须指出，空气中的氧气含量即使减少至 17%，也不能完全防止空气中有瓦斯与煤尘混合物时的爆炸。

综上所述，在制定预防煤尘爆炸措施时，必须根据具体情况，抓住煤尘爆炸的三个条件，采取防范措施。

第二节　生产性粉尘的产生

一、炮掘工作面

1. 打眼工序

风动凿岩机或煤电钻打眼是炮掘工作面持续时间长、产尘量很大的工序。干式打眼的产尘量约占炮掘工作面总产尘量的 80% ~ 90% ，湿式打眼占 40% ~ 60% 。干式打眼，炮掘工作面的粉尘浓度每 1 m³ 可达上千毫克。由此可见，打眼工序的防尘工作是炮掘工作面防尘极为重要的工序。

2. 爆破工序

炮掘工作面，爆破工序所用的时间虽然较短，但产生的粉尘浓度比其他工序大。

3. 装岩工序

采用爆破掘进的工作面装载时，由于铲斗与矿石摩擦、碰撞，也会产生大量粉尘。

二、机掘工作面

由于机械化掘进工作面是用大功率掘进机强力截割煤岩，其产尘量特别大。由采样测得，不采用综合防尘措施时，机掘工作面的粉尘浓度为 2000 ~ 3000 mg/m³，个别高达 6000 mg/m³ 左右。可以看出，机掘工作面防尘是矿井综合防尘极为重要的一环。

机掘工作面产尘的主要环节有掘进机截割头强力截割煤岩、煤岩下落或顶板局部垮落、装运或运载煤岩、机器运搬和清帮支护，以及通风吹扬起来的粉尘等。

三、锚喷支护工作

锚喷支护的方法按输送混凝土混合料的方式不同可分为干喷法和湿喷法两种。干喷法采用压气输送混凝土混合料，且在喷头处需再次加水与料混合后才喷向井巷表面；湿喷法采用机械或机械与压气联合输送经过加水湿润的混凝土混合料，可直接喷料支护巷道。干喷法的产尘环节多，但这种喷射方法所使用的喷射机体积小，质量轻，移动方便，设备投资少；湿喷法的产尘量少，但它所需的设备多，占地大，移动不便，投资多，现煤矿使用较少。随着锚喷支护的普遍应用，尘害问题越来越突出，其产尘来源主要有以下几个方面。

1. 打锚杆眼

井巷锚喷支护的锚杆眼，多数与顶板或巷帮成一定的角度布置。打锚杆眼产尘量多，粉尘易于飞扬扩散，难以控制。单台风钻打立眼的粉尘浓度一般为 90 ~ 130 mg/m³。若采用干式打锚杆眼时，其粉尘浓度更高。

2. 转运、拌料和上料

锚喷支护在施工中，混凝土混合料要进行人工搬运，其装卸、拌料和上料时均会不同程度地产生大量粉尘。作业场所的粉尘浓度有时高达 1000 mg/m³ 左右。

3. 喷射混凝土

在锚喷支护中，喷射混凝土工序产生的粉尘最多，尤其以干式喷射最多。一般情况下，干式喷射法产生的粉尘量为湿式喷射法产生粉尘量的 6 倍。其原因，干式喷射法的混合料一般都是在喷头内与水混合，混合的时间极短，只有 1/30 ~ 1/20 s，部分混合料还未被充分湿润就被从喷头中喷出，产尘量大。另外喷射的速度高达 80 ~ 100 m/s，喷到巷道壁会产生冲击，形成大量回弹，产生大量粉尘。

4. 喷射机（喷浆机）自身

我们使用的喷浆机，由于橡胶板磨损（使用不当或更换不及时）形成沟槽、间隙，造成漏气产尘，以及排废气孔带出粉尘等。

四、机采工作面

机采工作面有两大尘源：一是采煤机割煤，为主要尘源；二是移架、放煤、回柱、放顶。割煤时的粉尘主要产生于以下 5 个方面：

（1）截割煤体时，截齿刀尖前面的煤被压实而成压固核，当接触应力增大到极限值时，压固核被压碎产生煤尘。

（2）大块煤采落后，被截齿截割产生粉尘。

（3）被割下和被滚筒抛出的煤，在其弹性恢复时沿裂缝继续分离成更小的煤块，同时产生煤尘。

（4）截齿磨钝后，各刃面变成了弧面，与煤碾压和摩擦产生煤尘。

（5）截齿对煤体的冲击，割下来的煤互相碰撞及滚筒螺旋叶片装煤时二次破碎产生煤尘。

五、转载运输

在井下的转载、运输等过程中，也会产生大量粉尘。例如从采煤工作面运出的破碎煤块上就黏附有大量细粉尘。这些煤块在转载、运输过程中，由于相互碰撞及风流的吹扬，煤岩再次破碎产生的粉尘和黏附的细粉尘会变成浮游粉尘，在井下空气中扩散，污染矿井空气。转载、运输系统的防尘是矿井综合防尘不可忽视的重要组成部分。

第三节　矿井粉尘防治措施的分类

一、综合防尘措施

在矿井采、掘、运系统的各生产工序中都产生粉尘，这些粉尘随风流飞扬于作业空间和巷道中。对于这些尘源必须采取有效的综合防尘措施，即针对每一道生产工序和环节的尘源，应采取一项和多项防尘措施，达到减少粉尘的产生量、降低作业环境的粉尘浓度和防止工人吸入粉尘的目的。按照矿井实施的防尘技术，可将防尘措施分为以下五类。

1. 减少粉尘产生的措施

减少粉尘产生的措施：①减少生产过程中粉尘产生量，即从降低吨煤产尘量或单位时间产尘量入手，降低含尘风流中的粉尘浓度。例如改进采、掘机械的截齿及其分布状态，选用产尘量少的最佳截割参数，在可能的条件下减少炮眼数量及炸药用量等。②预先或在生产过程中采取某种抑制浮游粉尘产生的措施（以下简称为抑尘措施）。例如采取煤层注水或采空区灌水，预先湿润煤体，湿式打眼，炮眼填塞水炮泥，爆破前后冲洗煤壁、岩帮，出煤（岩）洒水等措施。

上述减少粉尘产生的措施，是以预防为主的治本性措施。

2. 降尘措施

降尘措施：①采用喷雾方法将悬浮于风流中的粉尘降下来。②采用喷射泡沫方法将刚刚产生的浮游粉尘捕捉下来。例如采、掘、运系统的喷雾或喷射泡沫降尘及进回风系统的喷雾净化风流等措施。

3. 排尘措施

排尘措施是采用通风方法把悬浮于风流中的粉尘排出作业场所，或增大风量使作业场所的粉尘浓度得以稀释而降低的措施。例如改善通风方式、方法和采用最佳排尘风速等。

4. 除尘措施

除尘措施是利用除尘器把风流中所含的粉尘捕集下来加以清除，使风流得到净化的措施。例如机掘工作面或锚喷、干式打眼及转载点等处采用的湿式或干式除尘器（捕尘器）除尘等。

5. 个体防尘措施

个体防尘措施是利用个人防尘用具把呼吸空气中的粉尘过滤下来，使工人吸入经过净化了的空气，或者采取由作业场所外部输送清洁压风的方式供工人呼吸。例如佩戴防尘口罩、防尘面罩、防尘帽或压气呼吸器等。

二、防止煤尘引爆的措施

防爆措施有：一是在生产过程中防止悬浮煤尘发生爆炸的措施；二是防止沉积于巷道周壁及底板上的煤尘参与爆炸的措施。防尘措施及防止煤尘引燃的防火措施，诸如防止炸药爆燃、电火花、摩擦火花及瓦斯爆炸等，虽然均属于防爆措施的一部分，但通常所讲的防爆措施，主要是针对沉积煤尘参与爆炸而采取的防爆措施，主要有：清扫沉积煤尘、冲洗沉积煤尘、撒布岩粉或颗粒状氯化钙及食盐、覆盖或固结沉积煤尘、巷道刷浆等措施。

三、隔爆措施

隔爆措施是为把已经发生的煤尘爆炸限制在尽可能小的范围内，不让爆炸继续传播下去，以避免酿成更大区域的爆炸灾害所采取的措施。其方法有两种：一是采取被动式隔爆方法，如在巷道中设置岩粉棚或水棚等；二是采取自动式隔爆方法，如在巷道中设置自动隔爆装置等。

第四节　矿井粉尘的一般治理方法

设法减少生产中煤尘产生量和浮尘量，是防止煤尘爆炸的根本性措施。为达到此目的，应采取如下措施。

一、煤层注水

在煤层中打钻孔，通过钻孔注入压力水，使压力水沿煤层层理、节理和裂隙渗入而将煤体预先湿润，以减少开采时的产尘量。煤层注水方法有深孔注水与浅孔注水两种。注水工序分为钻孔、封孔和注水。

二、喷雾洒水

在井下集中产生煤尘的地点进行喷雾洒水，是捕获浮尘和湿润落尘的有效降尘措施。国内外采煤机多数采用了内喷雾洒水系统。这种洒水系统抑尘效率高，一般可比外喷雾洒水系统提高 30%。内喷雾洒水系统具有用水量少、抑尘效率高等优点，水直接喷射在截齿尖上，还可减少截齿摩擦发火的危险。外喷雾洒水的效果主要决定于水压及喷嘴的合理参数。

高压洒水系统比低压洒水系统效果更好，因为低压洒水系统的喷嘴一般容易堵塞且其雾化程度不好。高压洒水系统比低压洒水系统空气含尘量可减少 72%~81%。

综采工作面移架放顶时会产生大量粉尘，并涌入工作面，支架工作时，应使用移架洒水系统。

三、通风排尘与净化风流

合理的通风措施能够有效地排除粉尘。掘进通风的排尘效果，除与风量、风速有关外，还与通风方式、风筒布置、通风时间等密切相关。压入式局部通风机通风，因能较快地清洗工作面，比抽出式局部通风机通风排尘能力强，但由于含尘风流必须流经整个巷道，所以通风时间较长。抽出式局部通风机通风，只有当风筒吸风口距工作面很近（不超过 2 m）时，通风排尘效果才会明显。与上述两种通风方式比较，混合式局部通风机通风除尘效果最好，此种通风方式，其理想的布置方法是，使新鲜空气从巷道上方的风筒压入，含尘空气则从巷道下方的风筒吸出。

风筒悬吊的位置应在巷道一侧，并使风筒轴线与巷道保持平行，避免吹出的风流在工作面形成涡流或直接吹向岩（煤）堆，增加空气中的浮尘量。

进入矿井的风流应不受污染。工作地点的含尘空气，须尽量直接排到回风流中，避免和其他工作地点串联，否则需对含尘的风流进行净化除尘。

净化风流的措施，一般采取在巷道中或风筒中装设喷雾器，形成水幕净化空气。巷道水幕的设置，是在巷道顶部的水管上间隔地安上数个喷嘴，喷嘴的布置应以水幕布满巷道断面为原则。

为了防止人员通过水幕时淋湿衣服，可采用自动水幕，当人员通过水幕时，停止喷雾，当人员通过水幕后，又自动喷雾。

四、控制风速

井下必须严格控制风速，增大风量或改变通风系统时，都要相应地调节风速，防止煤尘飞扬。风速大小会影响空气中的粉尘浓度。风速太大会吹起巷道中的落尘，过小则带不走浮尘，一般认为最佳风速为 1.5 m/s 左右。因而必须按照《煤矿安全规程》的要求来控制风速。

五、湿式凿岩

在岩巷掘进中，湿式凿岩是最有效的防尘措施。采用湿式凿岩，钻粉在炮眼中被湿润成浆状而排出，所以空气中的含尘量大为减少。根据测定：采用干式打眼，工作面的粉尘浓度可高达 1300～1600 mg/m³，改用湿式凿岩后，粉尘浓度降到 4～8 mg/m³。另外湿式凿岩还能提高钻眼速度。因此，在岩巷掘进中必须采用湿式凿岩，在个别情况下也可采用干式捕尘器捕尘。

六、水封爆破和水炮泥

水封爆破是借炸药爆破时产生的压力将水压入煤体的一种防尘方法。

水炮泥水封爆破就是用装水塑料袋代替炮泥填于炮眼内。塑料水袋的形式有两种：一种是装水后人工扎口；另一种是自动封口。图 1-1 为自动封口水袋，注水时用特制水针从注水口插入向袋内注水，当水装满后拔出水针，水压将折进袋里的细管压向袋壁，从而封住注水口，使水不致流出。

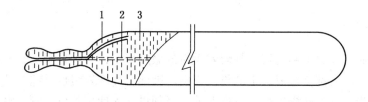

1—逆止阀注水后位置；2—逆止阀注水前位置；3—水

（a）自封式水炮泥示意图

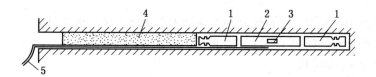

1—水炮泥；2—炸药；3—雷管；4—黏土炮泥；5—引爆导线

（b）水封爆破示意图

图 1-1　水炮泥使用示意图

七、爆破喷雾

爆破是产生粉尘的主要环节之一（据统计当湿式凿岩时，爆破生成粉尘量占总量的 35%～45%），而且它能使沉落的岩（煤）尘再度飞扬，污染空气。因此在爆破时采用喷雾洒水降尘，能收到显著的效果。

喷雾洒水时，其雾粒大小对降尘效果起决定性作用。雾粒过大，不仅影响喷雾密度，而且粗大雾粒遇到细小尘粒时，会因涡流作用使尘粒随风流从雾粒旁边绕过而无法捕获，因而捕尘效果不好；雾粒过小，则较容易蒸发，使已捕获的尘粒因脱水而重新飞扬。因此，对防尘用喷雾器的要求是应能产生一定分散度的雾粒。

喷雾器的种类很多，按其动力可分为单水作用和风水联合作用两类。风水联合作用的喷雾器（图 1-2），以压气作主要动力，将低于风压（0.1～0.2 MPa）的水分喷散成水

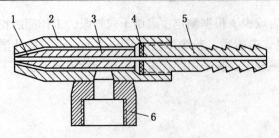

1—喷雾器；2—外套管；3—内套管；4—垫圈；
5—风接头；6—水接头
图 1-2　风水喷雾器示意图

雾。其降尘能力较强，射程较大，一般用于采掘工作面爆破时的降尘。

八、装岩洒水

装岩时，洒水主要为了防止混杂在破碎岩石中的粉尘在装车时飞扬，为此装岩前要洒水，使岩堆达到充分湿润。如果岩堆很厚，一次洒水不能湿透，可以边装岩边洒水，直到岩石全部湿润为止。另外，将两个风水喷雾器分别安装在装岩机两侧的前端，位于操纵箱的下部，喷嘴伸向铲斗的前方，边装岩边自动洒水，停止装岩时将水闸门关闭。这种方法节省人工，效果较好。

九、冲洗岩帮

工作面爆破后在岩帮和支架上都附着大量的微细岩尘，由于打眼、装岩或支架等工作的震动或通风吹动，都会造成岩尘的再次飞扬。因此，冲洗岩帮也是综合防尘中必不可少的一项措施。当爆破前和爆破后进行作业前，必须设专人使用胶皮水管，沿巷道由外向里逐步将巷道两帮、顶板、支架和工作面上附着的岩尘全部冲洗干净。

十、清扫积尘

沉落在巷道中的积尘，一旦受到冲击波冲击会再度飞扬，落尘是井下爆炸煤尘的一个补给来源，为煤尘爆炸创造了条件。因此，应定期对井巷进行清扫、冲洗煤尘和刷浆，巷道中的浮煤必须定期清扫运出。

十一、个体防尘

在实施上述综合防尘的基础上，防止工作人员直接吸入粉尘的个体防尘措施，是非常必要的。

个体防尘的措施主要是佩戴防尘口罩。我国目前生产的防尘口罩有两类：一类是不带换气阀的，另一类是带换气阀的。不带换气阀的口罩又称为简易型口罩，其特点是：轻便、容易清洗、成本低廉。其阻尘率可达 96%～98%。带换气阀的防尘口罩装有吸气阀和呼气活瓣，滤料装在滤料盒内，滤料污损后可以更换新的。这种口罩阻尘率高，呼吸阻力小，严密性好。

十二、限制煤尘爆炸范围扩大的措施

限制煤尘爆炸范围扩大就是将已经发生的煤尘爆炸局限于较小范围内，防止其继续蔓延扩大。这可以通过撒岩粉和设岩粉棚或水棚来实现。

此外还可以采用自动水幕来隔断煤尘爆炸的传播。

第二章　矿井防尘系统

第一节　防尘供水管路及喷雾洒水系统

一、防尘管路系统

（一）防尘管路系统的作用

矿井防尘管路系统，其主要作用是向井下各工作地点输送清水，用来满足井下各采掘工作面及其他工作地点生产用水和矿井防尘用水。

（二）防尘管路系统布置遵从的原则

（1）防尘管路系统造价应较低，输水至任何一点的距离要最短。

（2）防尘管路系统应包括整个防尘用水区，而且必须满足防尘用水流量与压力。

（3）防尘管路系统某区段一旦发生事故，对重要的用水区仍能保证不断供水。

（4）地表管路的埋设深度（从地表至管路顶），在严寒地区应保证不受水冻影响，一般应埋在冻土层以下 0.2 m 处。

（三）防尘管路系统的构成及规格

按照矿井生产防尘的需要，在井下有计划设立的用于防尘防火的若干条供水管路连接构成的系统叫作防尘管路系统。防尘管路系统主要由输水管路、三通阀门、管路附件（包括连接紧固件、吊挂钩等）组成。人们一般将矿井主要运输大巷的供水管路称为主干管，其直径一般为 159 mm 及以上；将采区岩石集中运输巷（采区主要进回风巷道）以及采掘工作面巷道的供水管路称为干管，其直径一般为 60～108 mm；将干管上的三通阀门至防尘设施设备之间的供水管路称为支管，其直径一般采用 13 mm 高压胶管，固定服务时间长的支管一般采用直径为 32 mm 或 38 mm 的金属管。防尘管路的干管连接形式，主要有快速管接头（卡兰）连接和法兰连接。快速管接头连接，就是在管路的两端预先焊上快速管接头用快速管接头进行连接；支管的连接形式主要有螺纹连接和插销式快速接头连接，螺纹连接形式主要用于管路直径小于 60 mm 的金属管路，插销式快速接头连接形式主要用于高压胶管。现将管路及其附件规格介绍如下。

1. 金属管路系列

现在主要使用热轧无缝钢管，型号为 YB231－70，其主要技术参数见表 2－1。也有使用水煤气输送钢管的，型号为 YB234－63，其技术参数见表 2－2。

2. 管接头及密封垫

表2-1　热轧无缝钢管

（YB231－70）　　　　　　　　　　　　　　mm

外径	壁　厚	外径	壁　厚	外径	壁　厚	外径	壁　厚
32	2.5～8.0	76	30～19.0	152	4.5～36.0	377	9.0～75.0
38	2.5～8.0	83	3.5～24.0	159	4.5～36.0	402	9.0～75.0
42	2.5～10	89	3.5～24.0	168	5.0～45.0	426	9.0～75.0
45	2.5～10.0	95	3.5～24.0	180	5.0～45.0	459	9.0～75.0
50	2.5～10.0	102	3.5～28.0	194	5.0～45.0	(465)	9.0～75.0
54	3.0～11.0	108	3.5～28.0	203	6.0～50.0	480	9.0～75.0
57	3.0～13.0	114	4.0～28.0	219	6.0～50.0	500	9.0～75.0
60	3.0～14.0	121	4.0～32.0	245	7.0～50.0	530	9.0～25.0
63.5	3.0～14.0	127	4.0～32.0	273	7.0～50.0	(550)	9.0～25.0
68	3.0～16.0	133	4.0～32.0	299	8.0～75.0	560	9.0～25.0
70	3.0～16.0	140	4.5～36.0	325	8.0～75.0	600	9.0～25.0
73	3.0～19.0	146	4.5～36.0	351	8.0～75.0	630	9.0～25.0

注：1. 管长4～12.5 m。

2. 常用材料：10，20，45。

3. 管的理论质量：计算公式（钢密度为7.85 g/cm³）为 $G = 0.02466 \times \delta(D - \delta)$ kg/m（D，δ 单位为mm）。

4. 标记示例：外径60 mm，壁厚10 mm，长度1000 mm的热轧无缝钢管表示为管 $\phi60 \times 10 \times 1000$。

5. 带括号的规格，不推荐使用。

表2-2　水煤气输送钢管

（YB234－63）

公称通径		外径	钢　管				管　螺　纹			
			普通管		加厚管				螺纹长度	
mm	in	壁厚/mm	不计管接头的理论质量/（kg·m⁻¹）	壁厚/mm	不计管接头的理论质量/（kg·m⁻¹）	壁厚/mm	基面处外径/mm	每1 in牙数	管锥形管螺纹	四柱形管螺纹
6	1/8	10	2.00	0.39	2.50	0.46				
8	1/4	13.5	2.25	0.62	2.75	0.73				
10	3/8	17	2.25	0.82	2.75	0.97				
15	1/2	21.25	2.75	1.25	3.25	1.44	20.956	14	12	14
20	3/4	26.75	2.75	1.63	3.50	2.01	26.442	14	14	16
25	1	33.50	3.25	2.42	4.00	2.91	33.250	11	15	18
32	1¼	42.25	3.25	3.13	4.00	3.77	41.912	11	17	20
40	1½	48	3.50	3.84	4.25	4.58	47.805	11	19	22
50	2	60	3.50	4.88	4.50	6.16	59.616	11	22	24

表 2 - 2（续）

公称通径		外径	钢　　管				管 螺 纹			
			普 通 管		加 厚 管				螺 纹 长 度	
mm	in	壁厚/ mm	不计管接头的理论质量/（kg·m⁻¹）	壁厚/ mm	不计管接头的理论质量/（kg·m⁻¹）	壁厚/ mm	基面处外径/ mm	每 1 in 牙数	管锥形管螺纹	四柱形管螺纹
70	$2\frac{1}{2}$	75.5	3.75	6.64	4.50	7.88	75.187	11	23	27
80	3	88.5	4.00	8.34	4.75	9.81	87.887	11	32	30
100	4	114	4.00	10.85	5.00	13.44	113.034	11	38	36
125	5	140	4.50	15.04	5.50	18.24	138.435	11	41	38
150	6	165	4.50	17.81	5.50	21.63	163.836	11	45	42

注：标记示例，通径 20 mm，壁厚 2.75 mm，长 1500 mm 的水煤气输送钢管、水管 φ20 × 2.75 × 1500。

（1）GJHA1 型管接头。GJHA1 型管接头如图 2 - 1 所示，其技术参数选择见表 2 - 3。

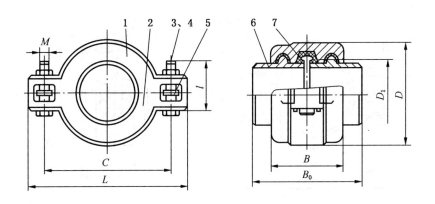

1、2—上、下管卡；3、4—螺栓、螺母；5—塑料环；6—管端接头；7—密封圈

图 2 - 1　GJHA1 型管接头图

表 2 - 3　GJHA1 型管接头选择表

型　　号	公称压力/ MPa	公称通径 D_g/mm	钢管外径/ mm	管　卡				管 端 接		螺栓	
				D/ mm	B/ mm	C/ mm	L/ mm	B_0/ mm	D_1/ mm	M/ mm	l/ mm
GJHA1 - 16/50	1.57	50	57	86	64	103	135	100 ~ 104	63	10	55
GJHA1 - 16/65	1.57	65	76	105	64	124	156	100 ~ 104	82	10	55
GJHA1 - 16/80	1.57	80	89	118	66	134	166	100 ~ 104	95	10	65
GJHA1 - 16/100	1.57	100	108	137	66	154	190	100 ~ 104	114	12	75
GJHA1 - 16/125	1.57	125	133	162	68	178	214	100 ~ 104	139	12	90

表2-3（续）

型　号	公称压力/MPa	公称通径 D_g/mm	钢管外径/mm	管　卡				管端接		螺栓	
				D/mm	B/mm	C/mm	L/mm	B_0/mm	D_1/mm	M/mm	l/mm
GJHA1-16/150	1.57	150	159	188	68	206	244	100~104	165	14	100
GJHA1-16/175	1.57	175	194	224	70	242	280	100~104	200	16	110
GJHA1-16/200	1.57	200	219	250	70	274	316	100~104	225	16	110
GJHA1-25/50	2.45	50	57	86	64	107	143	100~104	63	12	55
GJHA1-25/65	2.45	65	76	105	64	126	160	100~104	82	12	55
GJHA1-25/80	2.45	80	89	118	66	138	174	100~104	95	12	65
GJHA1-25/100	2.45	100	108	137	66	158	198	100~104	114	14	80
GJHA1-25/125	2.45	125	133	162	68	182	222	100~104	139	14	90

（2）GJHB1型管接头。GJHB1型管接头如图2-2所示，其技术参数选择见表2-4。

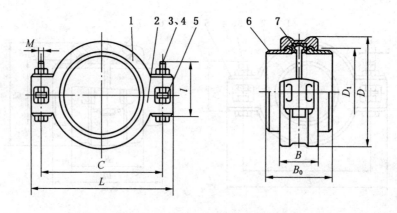

1、2—上、下管卡；3、4—螺栓、螺母；5—塑料环；6—管端接头；7—密封圈

图2-2　GJHB1型管接头图

表2-4　GJHB1型管接头选择表

型　号	公称压力/MPa	公称通径 D_g/mm	钢管外径 D_0/mm	管　卡				管端接		螺栓	
				D/mm	B/mm	C/mm	L/mm	B_0/mm	D_1/mm	M/mm	l/mm
GJHB1-25/150	2.45	150	159	192	72	212	254	100~104	167	16	100
GJHB1-25/175	2.45	175	194	228	74	248	290	100~104	202	16	110
GJHB1-25/200	2.45	200	219	255	74	274	315	100~104	227	16	110

（3）GJJA2型管接头。GJJA2型管接头如图2-3所示，其技术参数选择见表2-5。

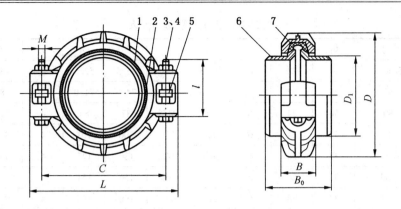

1、2—上、下管卡；3、4—螺栓、螺母；5—塑料环；6—管端接；7—密封圈

图2-3　GJJA2型管接头

表2-5　GJJA2型管接头选择表

型　　号	公称压力/ MPa	公称通径 D_g/mm	钢管外径 D_0/mm	管　卡				管端接		螺栓	
				D/ mm	B/ mm	C/ mm	L/ mm	B_0/ mm	D_1/ mm	M/ mm	l/ mm
GJJA2-40/100	3.92	100	108	154	48	166	204	100~104	108	14	75
GJJA2-40/125	3.92	125	133	183	49	202	244	100~104	135	16	90
GJJA2-40/150	3.92	150	159	214	50	228	270	100~104	160	16	100
GJJA2-40/175	3.92	175	194	252	55	269	315	100~105	194	18	115
GJJA2-40/200	3.92	200	219	279	56	302	352	100~105	220	20	115
GJJA2-64/100	6.28	100	108	158	48	174	216	100~104	108	16	75
GJJA2-64/125	6.28	125	133	187	49	208	254	100~104	135	18	90
GJJA2-64/150	6.28	150	159	218	50	242	292	100~104	160	20	105
GJJA2-64/175	6.28	175	194	256	55	279	331	100~105	194	22	115
GJJA2-64/200	6.28	200	219	283	56	310	366	100~105	220	24	115

（4）密封圈。使用的密封圈如图2-4所示，其技术参数选择见表2-6。

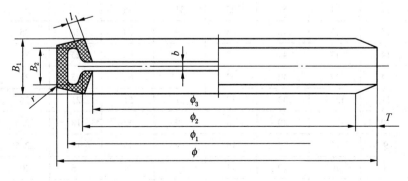

图2-4　密封圈

表2-6　密　封　圈　选　择　表　　　　　　　　mm

密封圈型号	B_1	B_2	b	ϕ	ϕ_1	ϕ_2	ϕ_3	r	T	l
MFH－25/50	28	22	6	71.5	66	55.5	52.5	4	8	2.75
MFH－25/65	28	22	6	90.5	85	74.5	71.0	4	8	2.75
MFH－25/80	30	24	6	104	98.5	87	83	4	8.5	2.75
MFH－25/100	30	24	6	123	117	106	101	4	8.5	3.0
MFH－25/125	32	26	6	148	142	130	125	4	9.0	3.0
MFH－25/150	32	26	6	174	168	156	151	4	9.0	3.0
MFH－25/175	34	28	6	209	202.5	190	185	4	9.5	3.25
MFH－25/200	34	28	6	233	226.5	214	209	4	9.5	3.25
MFJ－40－64/100	32	26	6	130	124	113	108	4	8.5	3.0
MFJ－40－64/125	32	26	6	157	150.5	139	134	4	9.0	3.25
MFJ－40－64/150	32	26	6	185	178.5	167	162	4	9.0	3.25
MFJ－40－64/175	34	28	7	219	212	200	195	4	9.5	3.5
MFJ－40－64/200	34	28	7	244	237	225	220	4	9.5	3.5

3. 高压胶管及管接头

（1）高压胶管分为一层钢丝编织胶管、二层钢丝编织胶管、三层钢丝编织胶管三类，其性能及耐压程度见表2-7。

表2-7　胶管的工作压力、试验压力、爆破压力

（HG4-406-66）

公称直径/ mm	一层钢丝编织胶管			二层钢丝编织胶管			三层钢丝编织胶管		
	工作压力/ MPa	试验压力/ MPa	爆破压力/ MPa	工作压力/ MPa	试验压力/ MPa	爆破压力/ MPa	工作压力/ MPa	试验压力/ MPa	爆破压力/ MPa
4	20	25	60						
5	20	25	60						
6	18	22.5	54	28	35	84			
8	17	21	51	25	31	75			
10	15	19	45	23	29	69	28	35	84
(12)	14	17	42	22	27.5	66	25	31	75
13	14	17	42	22	27.5	66	25	31	75
16	11	13.5	33	17	21	51	21	26	63
19	10	12.5	30	15	29	45	18	22.5	54
(20)	9	11	27	15	19	45	18	22.5	54
22	8	10	10	13	16	39	16	20	48
25	6	7.5	7.5	11	13.5	33	14	17.5	42

表2-7（续）

公称直径/ mm	一层钢丝编织胶管			二层钢丝编织胶管			三层钢丝编织胶管		
	工作压力/ MPa	试验压力/ MPa	爆破压力/ MPa	工作压力/ MPa	试验压力/ MPa	爆破压力/ MPa	工作压力/ MPa	试验压力/ MPa	爆破压力/ MPa
32				9	11	27	11	13.5	33
38				8	10	24	10	12.5	30
45				8	10	24	9	11	27
51				6	7.5	18	8	10	24

（2）快速接头。快速接头的结构如图2-5所示，接头间的密封是利用芯子1上的O形圈2与接头套中的圆柱面配合来实现的，为防接头脱开，用U形卡子3把芯子和接头套连接起来，这种接头的密封性好，拆装十分方便。

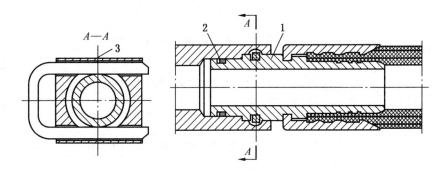

图2-5 KJ型快速软管接头

（四）阀门

阀门主要装在管路上，作开关及调节水流量之用。阀门的种类很多，有多种分类方法，现仅介绍煤矿井下防尘管路中部分常用的阀门。

1. 阀门的分类

（1）按用途和作用分：截断类主要用于截断或接通介质流，包括闸阀、截止阀、球阀等。

（2）按压力分：低压阀公称压力 p_N 小于 1.6 MPa 的阀门、中压阀公称压力 $p_N = 2.5 \sim 6.4$ MPa 的阀门、高压阀公称压力 $p_N = 10.0 \sim 80.0$ MPa 的阀门、超高压阀公称压力 p_N 大于 100 MPa 的阀门。

（3）按阀体材料分：非金属材料阀门，如陶瓷阀门、塑料阀门等；金属材料阀门，如铜合金阀门、铸铁阀门、碳钢阀门、铸钢阀门等；金属阀体衬里阀门，如衬塑料阀门、衬搪瓷阀门等。

（4）按通用分类法分：这种分类法（既按原理、作用分，又按结构划分）是目前国内外最常用的分类方法。一般分为闸阀、截止阀、球阀、安全阀等。

2. 煤矿井下常用阀门的部分技术参数

煤矿井下常用阀门的部分技术参数见表2-8。

表2-8　煤矿井下常用阀门的部分技术参数

型　号	公称压力/MPa	规格 D_N/mm	阀体材料
Z11H-25	2.5	15、20、25、32、40、50	碳　钢
Z40H-25	2.5	15、20、25、32、40、50	碳　钢
Z41H-25	2.5	50、65、80、100、125、150、200、250、300、350、400	碳　钢
Z11Y-40	4.0	15、20、25、32、40、50	碳　钢
Z40H-40	4.0	15、20、25、32、40、50、65、80、100、125、150、200、250、300、350、400	碳　钢
Z41H-40	4.0	15、20、25、32、40、50、65、80、100、125、150、200、250、300、350、400、500	碳　钢
Z41H-16C	1.6	15、20、25、32、40、50、65、80、100、125、150、200、250、300、350、400、500	碳　钢
J41T-16	1.6	50、65、80、100、125、150、200、250、300、500	灰铸铁
J41T-16K	1.6	15、20、25、32、40、50、65	可锻铸铁
J11H-25	2.5	15、20、25、32、40、50	碳　钢
J11Y-25	2.5	15、20、25、32、40、50	碳　钢
J41H-25	2.5	10、15、20、25、32、40、50、65、80、100、125、150、200	碳　钢
J41H-25Q	2.5	15、20、25、32、40、50、65、80、100、125、150、200	球墨铸铁
J41Y-25	2.5	15、20、25、32、40、50、65、80、100、125、150	碳　钢
J11Y-40	4.0	15、20、25、32、40、50	碳　钢
J43H-40	4.0	15、20、25	碳　钢
J41H-64	6.4	10、15、20、25、32、40、50、65、80、100、125、150、200	碳　钢
Q11F-16	1.6	15、20、25、32、40、50	灰铸铁
Q11F-16C	1.6	15、20、25、32、40、50	碳　钢
Q11F-25Q	2.5	15、20、25、32、40、50	球墨铸铁
Q41F-25	2.5	15、20、25、32、40、50、65、80、100、125、150、200	碳　钢
Q41F-40	4.0	15、20、25、32、40、50、65、80、100、125、150、200	碳　钢

二、喷雾洒水系统

1. 水的捕尘作用

喷雾捕尘就是把水雾化成微细水滴并喷射到空气中，使之与尘粒碰撞接触，尘粒被水捕捉而附于水滴上或者被湿润的尘粒互相凝聚成大颗粒，从而加快了其沉降速度。

2. 喷雾器降尘

喷雾器是把水雾化成微细水滴的一种设备。喷雾器的形式很多，根据其喷雾动力可分为两种：一种为风水喷雾器，另一种为水喷雾器。

风水喷雾器，靠压气作用将水化成雾状喷出。这种形式的喷雾器的特点是喷雾面积大、雾粒细、射程远、喷射速度快，缺点是消气量大、耗水量大。

水喷雾器，靠压力水经过喷雾器时，在特制的喷头内发生旋转和冲击，使水形成水雾喷射出去。

第二节 煤矿安全质量标准化粉尘防治质量标准要求

一、制度措施

建立健全综合防尘管理制度，配足防尘专业技术人员；按规定开展煤尘爆炸性鉴定；制定年度综合防尘措施，建立完善综合防尘系统，并有相关图纸、记录、台账。

1. 健全下列制度

（1）综合防尘齐抓共管责任制。

（2）防尘设施管理制度。

（3）工程质量验收制度（实行综合防尘一票否决）。

（4）巷道冲刷粉尘制度。

（5）粉尘测定制度。

（6）隔爆设施管理制度。

（7）综合防尘监督检查与责任追究制度。

2. 健全以下资料

（1）防尘系统图。

（2）煤层注水台账。

（3）隔爆设施台账。

（4）测尘仪器仪表台账。

（5）测尘原始记录。

（6）防尘设施检查记录。

（7）隔爆设施检查记录。

（8）巷道冲刷记录。

（9）防尘设施台账等。

二、设备设施

（1）按照《煤矿井下粉尘综合防治技术规范》（AQ 1020—2006）的相关规定建立防尘供水系统，防尘管路吊挂平直，不漏水。

（2）所有运煤转载点应有完善的喷雾装置，溜煤眼转载点应安装防尘罩，对卸载点封闭除尘；炮掘工作面耙装喷雾要实现自动化；采煤工作面进回风巷及掘进工作面回风流应按规定，至少设置 2 道净化水幕，其他地点的喷雾装置和净化水幕按规定设置。

（3）按要求安设隔爆设施，且每周至少检查 1 次，隔爆设施安装的地点、数量、水量及质量应符合相关规定。

（4）采掘工作面的采掘机械应按规定设置内外喷雾装置，喷雾压力符合要求，且能正常使用；综采（放）工作面应安设智能喷雾装置，割煤、降柱、移架、放煤时自动同步喷雾，破碎机应安装防尘罩和喷雾装置或除尘器；综掘工作面安装除尘风机和控风装置，除尘风机吸风量应不小于 400 m^3/min，除尘效率不得低于 95%；炮掘工作面应安设爆破自动喷雾装置（移动喷雾装置），爆破过程中采用压气喷雾降尘，爆破喷雾喷头距迎头不超过 20 m，雾化效果好，覆盖全断面，爆破前后洒水和冲洗巷帮，爆破时掘进工作面及回风水幕应开启，喷浆作业时，采用潮料喷浆并使用除尘风机，除尘风机风量不小于 300 m^3/min，除尘效率不低于 90%。

三、消尘措施

（1）采煤工作面应按规定采取煤层注水防尘措施，注水设计及效果符合《煤矿安全规程》的相关规定。

（2）矿井应编制冲尘计划，定期冲刷巷道积尘。主要大巷、主要进回风巷每月至少冲刷 1 次积尘，其他巷道清扫积尘周期由各矿技术负责人确定，并有记录可查。井下巷道不应有连续长 5 m、厚度超过 2 mm 的煤尘堆积。

（3）矿井应按《煤矿安全规程》和《煤矿井下粉尘综合防治技术规范》（AQ 1020—2006）的相关规定，测定粉尘浓度、游离二氧化硅含量及分散度等。

四、仪器、仪表

测尘仪器、仪表齐全，并定期进行校正、检定。

第三节　矿井防尘系统管理办法

为切实做好矿井综合防尘工作，确保工作人员安全，必须严格、全面地建立和执行各项防尘管理制度。

1. 建立计划管理制度

矿井通防部门每年、每月要制定详细的作业计划。计划内容主要包括：新安装（拆除）的防尘管路、新增的水棚、新安喷雾设施，还有煤层注水、冲洗巷道、测尘等工作。每月完成情况要有总结。

2. 建立齐抓共管制度

生产、机电、运输、安全、通防等部门要建立明确的部门责任制度；通防工区各工种、采掘区队的专兼职防尘员、有关岗位工等要有综合防尘岗位责任制度，并有严格的奖惩制度和考核办法。

3. 建立例会制度

矿长安全办公会要及时研究解决综合防尘工作的重大问题，总工程师每月召集一次专业会议研究总结部署综合防尘工作。

4. 建立检查验收制度

（1）在新采区、新水平设计、施工、投产验收的同时，要设计、施工、验收防尘系统和防尘设施。

（2）采掘工作面作业规程中对综合防尘措施要有明确、详细的规定，对其实施情况要定期检查、验收。

（3）矿总工程师每月组织通防部门，对综合防尘工作按综合防尘质量标准进行 1 次检查评定，其检查评定结果报上级主管部门。

5. 建立技术培训和宣传教育制度

定期对防尘人员进行培训，对接尘人员进行宣传教育。

6. 建立粉尘测定制度

（1）对作业场所的粉尘浓度、井下所有测尘点每月要测定 2 次，地面及露天煤矿每月要测定 1 次。

（2）测尘时要同时测定全尘和呼吸性粉尘浓度。

（3）各矿建立测尘报表制度。半月报，要报矿长、总工程师、通防科（区）等部门。测尘月报，要报上级主管部门。

（4）粉尘分散度每 6 个月测定 1 次，其化验资料要保存完整。

（5）每半年对作业场所粉尘的游离 SiO_2 采样分析 1 次，其资料要保存完好。

（6）各矿井必须备有防尘系统图、防尘设施牌板、打钻注水台账、测尘台账、防尘管路台账、采掘工作面防尘措施等。

第三章　隔　爆　设　施

第一节　隔爆设施的作用及规格

在开采有煤尘爆炸危险的煤层时，必须考虑一旦发生瓦斯爆炸或火灾等其他事故时，应该如何防止、限制煤尘参与爆炸及防止爆炸沿巷道传播的措施。

参与煤尘爆炸的主要成分是沉积煤尘。由于沉积煤尘遍布矿井的各个角落，一旦发生局部瓦斯爆炸，爆炸产生的暴风就会把沉积的煤尘吹扬起来，重新呈浮游状态，而且浓度很高，一遇火源就会爆炸。这样循环往复便可能发生多次爆炸。由于再次爆炸是在前一次爆炸的基础上（大于正常大气压条件下）发生的，所以随着爆炸循环的逐次增加，反应速度会越来越快，爆炸压力也逐次增大，并呈跳跃式发展，也就是说煤尘爆炸不但具有连续性，而且具有越发展破坏力越大的特点。为了避免出现这种造成全矿井被毁灭的恶性事故，就必须人为地把瓦斯爆炸或煤尘爆炸消灭在爆源附近或限制在一定范围内。

一、隔爆设施的作用

目前最广泛使用的隔绝煤尘爆炸传播的措施是被动式隔爆棚。它可以分为被动式水槽棚、水袋棚和岩粉棚。其作用原理是：当发生瓦斯煤尘爆炸时，由于爆炸火焰传播的冲击波压力的超前作用，将隔爆棚击碎或者被暴风掀翻，使棚架上或槽（袋）子内的抑制剂（岩粉或水）飞散开来，在巷道中形成一个高浓度的岩粉云或水雾带，使滞后于暴风的爆炸火焰到达棚区时被扑灭，从而阻止爆炸继续向前传播。

二、隔爆设施的种类及规格

（一）水槽式隔爆棚

水槽式隔爆棚的水槽材料为改性的聚氯乙烯，具有抗静电、阻燃等特点。水槽由热压而成型。

目前常用的隔爆水槽有 GS 系列和 PGS 系列，如 GS40 - 4A 型和 GS80 - 4A 型水槽（图 3 - 1），两种水槽容积分别为 40 L 和 80 L。水槽棚一般作为主要隔爆水棚使用。

试验结果表明，GS80 - 4A 型水槽在爆炸压力（静压）为 0.016 MPa、火焰速度为 90 m/s 左右的瓦斯或煤尘爆炸条件下就能被冲击波及暴风破坏成碎片，槽水随之扩散成水雾。在大型煤尘瓦斯爆炸试验巷道内进行的各种强度的煤尘爆炸条件下，这种水槽组成的水槽棚都能在距起爆源 60 ~ 200 m 范围内有效地阻断煤尘爆炸的传播。

（二）水袋式隔爆棚

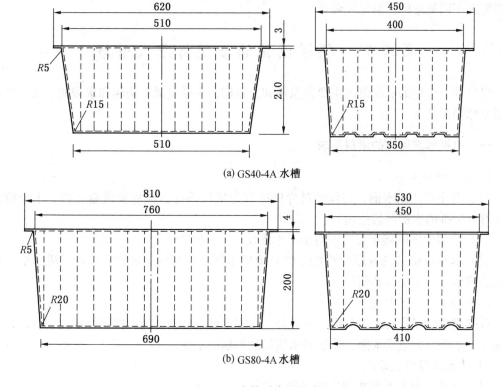

(a) GS40-4A 水槽

(b) GS80-4A 水槽

图 3 - 1　水槽形状及尺寸

水袋式隔爆棚与水槽式隔爆棚一样，都以水作为抑制剂，但是水袋式隔爆棚的盛水容器是柔性水袋。当水袋受到爆炸冲击波超压作用时，迎风侧吊环首先脱钩，水往脱钩侧爆泻出来，被暴风扩散成水雾；水雾带便可扑灭后续而来的火焰。其灭火原理与水槽式隔爆棚完全一致。水袋式隔爆棚一般作为辅助隔爆水棚使用。

1. 水袋的结构形式

由于水袋的结构形状、材质及水袋的支承方式直接影响水袋动作的灵敏性和形成水雾的状态，因此，对水袋有一定的技术要求。开口式水袋用符合上述要求的柔性双面塑料复合革制造，水袋底部为近弧形，当它迎风侧脱落时，有利于水的泻出，并且不存在兜水的问题。水袋两个短边上分别安装了用于吊挂的金属环，通过金属环可以将水袋吊挂起来。水袋的结构形式如图 3 - 2 所示。

2. 水袋的规格

目前大量使用的水袋是容积为 30 L、40 L、80 L、100 L 的 GBSD 型水袋。

GBSD 型水袋在爆炸压力（静压）为 10 MPa，火焰传播速度为 45 ~ 50 m/s 的瓦

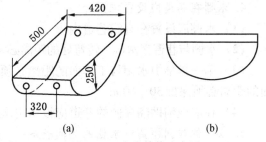

图 3 - 2　水袋结构示意图

斯煤尘爆炸条件下就能动作。在这种条件下，水袋的动作时间为 113 ~ 145 ms，水雾密度最大的持续时间达 183 ~ 198 ms，能形成长 6 m、宽度大于 5.5 m、高 3 m 的水雾带。在大型瓦斯煤尘爆炸试验巷道内，用这种水袋组成的水袋棚，在距起爆室 60 ~ 200 m 范围内，

可以阻断不同强度的瓦斯煤尘爆炸。

第二节 隔爆设施的质量标准及管理

煤矿井下应用的隔爆设施主要是水棚和岩粉棚，水棚包括水槽棚和水袋棚。以下重点介绍水棚隔爆设施。

一、水棚隔爆设施的质量要求

1. 对水槽的要求

（1）井下使用的水槽，必须经过专门的鉴定机构进行标准检验质量合格。未经检验或不符合标准的水槽严禁使用。

（2）水槽的实际盛水量，不得小于水槽设计容量的95%。

（3）水槽材质应具有阻燃性能。PVC 薄壁水槽，用热压机成形；SFB 材质水槽，用注塑法成形。材质配方必须稳定。

2. 水棚分类与设置地点

按隔绝煤尘爆炸的保护范围，水棚分为主要水棚与辅助水棚。按水棚的安装方式，分为集中式水棚与分散式水棚，分散式水棚只能作辅助水棚。

1）主要水棚设置地点

（1）矿井两翼与井筒相连通的主要大巷。

（2）相邻采区之间的集中运输巷和回风巷。

（3）相邻煤层之间的运输石门和回风石门。

2）辅助水棚设置地点

（1）采煤工作面进回风巷。

（2）采区内的煤和半煤巷掘进巷道。

（3）采用独立通风井并有煤尘爆炸危险的其他巷道。

3. 水棚用水量

集中式水棚的用水量按巷道断面面积计算：主要水棚不小于 400 L/m^2，辅助水棚不小于 200 L/m^2。分散式水棚的用水量按棚区所占巷道的空间体积计算，不小于 1.2 L/m^2。

4. 水棚在巷道内设置位置

（1）水棚应设置在直线巷道内。

（2）水棚与巷道交岔口、转弯处的距离必须保持 50~75 m，与风门的距离应大于 25 m。

（3）第一排集中水棚与工作面的距离必须保持 60~200 m，第一排分散式水棚与工作面的距离必须保持 30~60 m。

（4）在应设辅助隔爆棚的巷道应设多组水棚，每组水棚的距离不大于 200 m。

5. 水棚的排间距离与水棚的棚间长度

（1）集中式水棚的排间距离为 1.2~3.0 m，分散式水棚沿巷道分散布置，两个槽（袋）组的间距为 10~30 m。

（2）集中式主要水棚的棚间长度不小于 30 m，集中式辅助棚的棚间长度不小于 20 m，分散式水棚的棚间长度不小于 200 m。

6. 水棚的安装方式

（1）水槽棚的安装方式，既可采用吊挂式或上托式，也可采用混合式。

（2）水袋棚的安装原则是当受爆炸冲击力时，水袋中的水容易泼出。

（3）水槽（袋）的布置必须符合以下规定：

①断面面积 $S < 10 \text{ m}^2$ 时，$nB/L \times 100\% \geq 35\%$；

②断面面积 $10 \leq S < 12 \text{ m}^2$ 时，$nB/L \times 100\% \geq 60\%$；

③断面面积 $S > 12 \text{ m}^2$ 时，$nB/L \times 100\% \geq 65\%$。

其中，n 为排棚上的水槽（袋）个数，B 为水棚迎风断面宽度，L 为水棚所在水平巷道宽度。

（4）水槽（袋）之间的间隙与水槽（袋）同支架或巷道壁之间的间隙之和不大于 1.5 m，特殊情况下不超过 1.8 m，两个水槽（袋）之间的间隙不得大于 1.2 m。

（5）水槽（袋）边与巷道、支架、顶板、构物架之间的距离不得小于 0.1 m，水槽（袋）底部到顶梁（顶板）的距离不得大于 1.6 m，如顶梁大于 1.6 m，则必须在该水槽（袋）上方增设一个水槽（袋）。

（6）水棚距离轨道面的高度不小于 1.8 m，水棚应保持同一高度，需要挑顶时，水棚区内的巷道断面应与其前后各 20 m 长的巷道断面一致。

（7）当水袋采用易脱钩的布置方式时，挂钩位置要对正，每对挂钩要相向布置（钩尖与钩尖相对），挂钩为直径 4~8 mm 的圆钢，挂钩角度为 60°±5°，弯钩长度为 25 mm。

二、隔爆设施的管理方法

（1）矿井防尘系统图上，必须标明水棚的准确位置、棚区长度、水棚的安装形式及用水量。

（2）建立隔爆设施台账，详细登记隔爆设施安设地点、数量及安设时间。

（3）水棚区应有上水管接头，备有上水软管。损坏的水槽（袋）必须及时更换，并随时补充水槽（袋）中的水量。

（4）水槽盖或水面沉积的煤尘，应随时清除。

（5）水棚应进行周期性检查，每半个月检查一次，并做好记录。

（6）隔爆设施的现场应悬挂"隔爆设施说明牌"，其内容包括：①安设地点；②巷道断面；③水槽数量；④水槽容量；⑤总水量；⑥安设时间；⑦维护时间；⑧维护人。

第四章　规程、规范有关规定

第一节　《煤矿安全规程》有关规定

《煤矿安全规程》对防尘工作的有关规定如下：

第一百八十五条　新建矿井或者生产矿井每延深一个新水平，应当进行 1 次煤尘爆炸性鉴定工作，鉴定结果必须报省级煤炭行业管理部门和煤矿安全监察机构。

煤矿企业应当根据鉴定结果采取相应的安全措施。

第六百四十四条　矿井必须建立消防防尘供水系统，并遵守下列规定：

（一）应当在地面建永久性消防防尘储水池，储水池必须经常保持不少于 200 m³ 的水量。备用水池贮水量不得小于储水池的一半。

（二）防尘用水水质悬浮物的含量不得超过 30 mg/L，粒径不大于 0.3 mm，水的 pH 值在 6~9 范围内，水的碳酸盐硬度不超过 3 mmol/L。

（三）没有防尘供水管路的采掘工作面不得生产。主要运输巷、带式输送机斜井与平巷、上山与下山、采区运输巷与回风巷、采煤工作面运输巷与回风巷、掘进巷道、煤仓放煤口、溜煤眼放煤口、卸载点等地点必须敷设防尘供水管路，并安设支管和阀门。防尘用水应当过滤。水采矿井不受此限。

第一百五十一条　井下所有煤仓和溜煤眼都应当保持一定的存煤，不得放空；有涌水的煤仓和溜煤眼，可以放空，但放空后放煤口闸板必须关闭，并设置引水管。

溜煤眼不得兼作风眼使用。

第六百四十五条　井工煤矿采煤工作面应当采取煤层注水防尘措施，有下列情况之一的除外：

（一）围岩有严重吸水膨胀性质，注水后易造成顶板垮塌或者底板变形；地质情况复杂、顶板破坏严重，注水后影响采煤安全的煤层。

（二）注水后会影响采煤安全或者造成劳动条件恶化的薄煤层。

（三）原有自然水分或者防灭火灌浆后水分大于 4% 的煤层。

（四）孔隙率小于 4% 的煤层。

（五）煤层松软、破碎，打钻孔时易塌孔、难成孔的煤层。

（六）采用下行垮落法开采近距离煤层群或者分层开采厚煤层，上层或者上分层的采空区采取灌水防尘措施时的下一层或者下一分层。

第六百四十六条　井工煤矿炮采工作面应当采用湿式钻眼、冲洗煤壁、水炮泥、出煤洒水等综合防尘措施。

第六百四十七条　采煤机必须安装内、外喷雾装置。割煤时必须喷雾降尘，内喷雾工作压力不得小于 2 MPa，外喷雾工作压力不得小于 4 MPa，喷雾流量应当与机型相匹配。无水或者喷雾装置不能正常使用时必须停机；液压支架和放顶煤工作面的放煤口，必须安装喷雾装置，降柱、移架或者放煤时同步喷雾。破碎机必须安装防尘罩和喷雾装置或者除尘器。

第六百四十八条　井工煤矿采煤工作面回风巷应当安设风流净化水幕。

第六百四十九条　井工煤矿掘进井巷和硐室时，必须采取湿式钻眼、冲洗井壁巷帮、水炮泥、爆破喷雾、装岩（煤）洒水和净化风流等综合防尘措施。

第六百五十条　井工煤矿掘进机作业时，应当采用内、外喷雾及通风除尘等综合措施。掘进机无水或者喷雾装置不能正常使用时，必须停机。

第六百五十一条　井工煤矿在煤、岩层中钻孔作业时，应当采取湿式降尘等措施。

在冻结法凿井和在遇水膨胀的岩层中不能采用湿式钻眼（孔）、突出煤层或者松软煤层中施工瓦斯抽采钻孔难以采取湿式钻孔作业时，可以采取干式钻孔（眼），并采取除尘器除尘等措施。

第六百五十二条　井下煤仓（溜煤眼）放煤口、输送机转载点和卸载点，以及地面筛分厂、破碎车间、带式输送机走廊、转载点等地点，必须安设喷雾装置或者除尘器，作业时进行喷雾降尘或者用除尘器除尘。

第六百五十三条　喷射混凝土时，应当采用潮喷或者湿喷工艺，并配备除尘装置对上料口、余气口除尘。距离喷浆作业点下风流 100 m 内，应当设置风流净化水幕。

第一百八十六条　开采有煤尘爆炸危险煤层的矿井，必须有预防和隔绝煤尘爆炸的措施。矿井的两翼、相邻的采区、相邻的煤层、相邻的采煤工作面间，掘进煤巷同与其相连的巷道间，煤仓同与其相连的巷道间，采用独立通风并有煤尘爆炸危险的其他地点同与其相连的巷道间，必须用水棚或者岩粉棚隔开。

必须及时清除巷道中的浮煤，清扫、冲洗沉积煤尘或者定期撒布岩粉；应当定期对主要大巷刷浆。

第一百八十七条　矿井应当每年制定综合防尘措施、预防和隔绝煤尘爆炸措施及管理制度，并组织实施。

矿井应当每周至少检查 1 次隔爆设施的安装地点、数量、水量或者岩粉量及安装质量是否符合要求。

第六百三十七条　煤矿企业必须建立健全职业卫生档案，定期报告职业病危害因素。

第六百四十条　作业场所空气中粉尘（总粉尘、呼吸性粉尘）浓度应当符合表 4-1 的要求。不符合要求的，应当采取有效措施。

表 4-1　作业场所空气中粉尘浓度要求

粉尘种类	游离 SiO_2 含量/%	时间加权平均容许浓度/(mg·m^{-3})	
		总尘	呼尘
煤尘	<10	4	2.5
矽尘	10~50	1	0.7
	50~80	0.7	0.3
	≥80	0.5	0.2
水泥尘	<10	4	1.5

注：时间加权平均容许浓度是以时间加权数规定的 8 h 工作日、40 h 工作周的平均容许接触浓度。

第六百四十二条　煤矿必须对生产性粉尘进行监测，并遵守下列规定：

（一）总粉尘浓度，井工煤矿每月测定 2 次；露天煤矿每月测定 1 次。粉尘分散度每 6 个月测定 1 次。

（二）呼吸性粉尘浓度每月测定 1 次。

（三）粉尘中游离 SiO_2 含量每 6 个月测定 1 次，在变更工作面时也必须测定 1 次。

（四）开采深度大于 200 m 的露天煤矿，在气压较低的季节应当适当增加测定次数。

第二节　《煤矿井下粉尘综合防治技术规范》（AQ 1020—2006）有关规定

一、总体要求

（1）采煤工作面应采取粉尘综合治理措施，落煤时产尘点下风侧 10~15 m 处总粉尘降尘效率应大于或等于 85%；支护时产尘点下风侧 10~15 m 处总粉尘降尘效率应大于或等于 75%；放顶煤时产尘点下风侧 10~15 m 处总粉尘降尘效率应大于或等于 75%；回风巷距工作面 10~15 m 处总粉尘降尘效率应大于或等于 75%。

（2）掘进工作面应采取粉尘综合治理措施，高瓦斯、突出矿井的掘进机司机工作地点和机组后回风侧总粉尘降尘效率应大于或等于 85%，呼吸性粉尘降尘效率应大于或等于 70%；其他矿井的掘进机司机工作地点和机组后回风侧总粉尘降尘效率应大于或等于 90%，呼吸性粉尘降尘效率应大于或等于 75%；钻眼工作地点总粉尘降尘效率应大于或等于 85%，呼吸性粉尘降尘效率应大于或等于 80%；爆破 15 min 后工作地点总粉尘降尘效率应大于或等于 95%，呼吸性粉尘降尘效率应大于或等于 80%。

（3）锚喷作业应采取粉尘综合治理措施，作业人员工作地点总粉尘降尘效率应大于或等于 85%。

（4）井下煤仓放煤口、溜煤眼放煤口、转载及运输环节应采取粉尘综合治理措施，总粉尘降尘效率应大于或等于 85%。

（5）煤矿井下所使用的防、降尘装置和设备必须符合国家及行业相关标准的要求，并保证其正常运行。

（6）个体防护：作业人员必须佩戴个体防尘用具。

二、粉尘治理

（1）矿井必须建立完善的符合以下要求的防尘供水系统：

①永久性防尘水池容量不得小于 200 m³，且贮水量不得小于井下连续 2 h 的用水量，并设有备用水池，其容量不得小于永久性防尘水池的一半。

②防尘用水管路应铺设到所有能产生粉尘和沉积粉尘的地点，并且在需要用水冲洗和喷雾的巷道内，每隔 100 m 或 50 m 安设一个三通及阀门。

③防尘用水系统中，必须安装水质过滤装置，保证水的清洁，水中悬浮物的含量不得超过 150 mg/L，粒径不大于 0.3 mm，水的 pH 值应在 6.0~9.5 范围内。

（2）井下所有煤仓和溜煤眼都应保持一定的存煤，不得放空；有涌水的煤仓和溜煤眼可以放空，但放空后放煤口闸板必须关闭，并设置引水管。

（3）对产生煤（岩）尘的地点应采取以下防尘措施：

①掘进井巷和硐室时，必须采取湿式钻眼、冲洗井壁巷帮、水炮泥、爆破喷雾、装岩（煤）洒水和净化风流等综合防尘措施。

冻结法凿井和在遇水膨胀的岩层中掘进不能采用湿式钻眼时，可采用干式钻眼，但必须采取捕尘措施。

②采煤工作面应有由国家认定机构提供的煤层可注性鉴定报告，并应对可注水煤层采取注水防尘措施。

③炮采工作面应采取湿式钻眼法，使用水炮泥，爆破前、后应冲洗煤壁，爆破时应喷雾降尘，出煤时洒水。

④液压支架和放顶煤采煤工作面的放煤口，必须安装喷雾装置，降柱、移架或放煤时同步喷雾。破碎机必须安装防尘罩和喷雾装置或除尘器。

采煤机必须安装内外喷雾装置。无水或喷雾装置损坏时必须停机。掘进机作业时，应使用内外喷雾装置和除尘器构成综合防尘系统。

⑤采煤工作面回风巷应安设至少两道风流净化水幕，并宜采用自动控制风流净化水幕。

⑥井下煤仓放煤口、溜煤眼放煤口、输送机转载点和卸载点，都必须安设喷雾装置或除尘器，作业时进行喷雾降尘或用除尘器除尘。

⑦在煤、岩层中钻孔，应采取温式钻孔。煤（岩）与瓦斯突出煤层或软煤层中瓦斯抽放钻孔难以采取湿式钻孔时，可采取干式钻孔，但必须采取捕尘、降尘措施，必要时必须采用除尘器除尘。

⑧为提高防尘效果，可在水中添加降尘剂。降尘剂必须保证无毒、不腐蚀、不污染环境，并且不影响煤质。

1. 采煤防尘

1）综采工作面防尘

（1）采煤机割煤防尘。采煤机割煤必须进行喷雾并满足以下要求：

①喷雾压力不得小于 2.0 MPa，外喷雾压力不得小于 4.0 MPa。如果内喷雾装置不能正常喷雾，外喷雾压力不得小于 8.0 MPa。喷雾系统应与采煤机联动，工作面的高压胶管应有安全防护措施。高压胶管的耐压强度应大于喷雾泵站额定压力的 1.5 倍。

②泵站应设置两台喷雾泵，一台使用，一台备用。

（2）自移式液压支架和放顶煤防尘。液压支架应有自动喷雾降尘系统，并满足以下要求：

①喷雾系统各部件的设置应有可靠的防止砸坏的措施，并便于从工作面一侧进行安装和维护。

②液压支架的喷雾系统，应安设向相邻支架之间喷雾的喷嘴；采用放顶煤工艺时，应安设向落煤窗口方向喷雾的喷嘴；喷雾压力均不得小于 1.5 MPa。

③当静压供水的水压达不到喷雾要求时，必须设置喷雾泵站，其供水压力及流量必须与液压支架喷雾参数相匹配。泵站应设置两台喷雾泵，一台使用，一台备用。

2）炮采防尘

（1）钻眼应采取湿式作业，供水压力为 0.2~1.0 MPa，耗水量为 5~6 L/min，使排出的煤粉呈糊状。

（2）炮眼内应填塞自封式水炮泥，水炮泥的充水容量应为 200~250 mL。

（3）爆破时应采用高压喷雾等高效降尘措施，采用高压喷雾降尘措施时，喷雾压力不得小于 8.0 MPa。

（4）爆破前后宜冲洗煤壁、顶板并浇湿底板和落煤，在出煤过程中，宜边出煤边洒水。

3）采区巷道防尘

工作面运输巷的转载点、溜煤眼上口及破碎机处必须安装喷雾装置或除尘器，并指定专人负责管理。

2. 掘进防尘

1）机掘作业防尘

（1）掘进机内喷雾装置的使用水压不得小于 3.0 MPa，外喷雾装置的使用水压不得小于 1.5 MPa。

（2）掘进机上喷雾系统的降尘效果达不到要求时，应采用除尘器抽尘净化等高效防尘措施。

（3）采用除尘器抽尘净化措施时，应对含尘气流进行有效控制，以阻止截割粉尘向外扩散。工作面所形成的混合式通风应符合《巷道掘进混合式通风技术规范》（MT/T 441—1995）的规定。

2）炮掘作业防尘

（1）钻眼应采取湿式作业，供水压力以 0.3 MPa 左右为宜，但应低于风压 0.1~0.2 MPa，耗水量以 2~3 L/min 为宜，以钻孔流出的污水呈乳状岩浆为准。

（2）炮眼内应填塞自封式水炮泥，水炮泥的装填量应在 1 节级以上。

（3）爆破前应对工作面 30 m 范围内的巷道周边进行冲洗。

（4）爆破时必须在距离工作面 10~15 m 地点安装压气喷雾器或高压喷雾降尘系统实行爆破喷雾。雾幕应覆盖全断面并在爆破后连续喷雾 5 min 以上。当采用高压喷雾降尘时，喷雾压力不得小于 8.0 MPa。

（5）爆破后，装煤（矸）前必须对距离工作面 30 m 范围内的巷道周边和装煤（矸）堆洒水。在装煤（矸）过程中，边装边洒水，使用铲斗装煤（矸）机时，装岩机应安装自动或人工控制水阀的喷雾系统，实行装煤（矸）喷雾。

3）通风防尘

掘进巷道中的风速应符合《煤矿安全规程》的规定。

4）其他防尘措施

（1）距离工作面 50 m 范围内应设置一道自动控制风流净化水幕。

（2）距离工作面 20 m 范围内的巷道，每班至少冲洗一次；20 m 以外的巷道每旬至少冲洗一次，并清除堆积浮煤。

3. 锚喷支护防尘

（1）打锚杆眼宜实施湿式钻孔，采取有效的防尘措施后可采用干式钻孔。

（2）锚喷支护作业的防尘：

①砂石混合料颗粒粒径不得超过 15 mm，且应在下井前洒水预湿。

②喷射机上料口及排气口应配备捕尘除尘装置。

③采用低风压近距离的喷射工艺，重点控制以下参数：

输料管长度	≤50 m
工作风压	0.12～0.15 MPa
喷射距离	0.4～0.8 m

④距锚喷作业地点下风流方向 100 m 内应设置两道以上风流净化水幕，且喷射混凝土时，工作地点应采用除尘器抽尘净化。

4. 转载及运输防尘

1）转载点防尘

（1）转载点落差宜小于或等于 0.5 m，若超过 0.5 m，则必须安装溜槽或导向板。

（2）各转载点应实施喷雾降尘，或采用除尘器除尘。

（3）在装煤点下风侧 20 m 内，必须设置一道风流净化水幕。

2）运输防尘

运输巷内应设置自动控制风流净化水幕。

5. 预防和隔绝煤尘爆炸

（1）新矿井的地质精查报告中，必须有所有煤层的煤尘爆炸性鉴定资料。生产矿井每延深一个新水平，应进行一次煤尘爆炸性鉴定工作。煤尘的爆炸性鉴定由国家授权单位按规定进行，鉴定结果必须报煤矿安全监察机构备案。

（2）矿井每年应制定综合防尘措施、预防和隔绝煤尘爆炸措施及管理制度，并组织实施。矿井应每周至少检查一次煤尘隔爆设施的安装地点、数量、水量或岩粉量及安装质量是否符合要求。

（3）开采有煤尘爆炸危险煤层的矿井，必须有预防和隔绝煤尘爆炸的措施。矿井的两翼、相邻的采区、相邻的煤层、相邻的采煤工作面之间，煤层掘进巷道同与其相连通的巷道之间，煤仓同与其相连通的巷道之间，采用独立通风井有煤尘爆炸危险的其他地点同与其相连通的巷道之间，必须用水棚或岩粉棚隔开。

必须及时清除巷道中的浮煤，清扫或冲洗沉积煤尘，每年应对主要进风大巷进行至少一次刷浆。

（4）预防煤尘爆炸：

①井下输送机巷道、转载点附近、翻罐笼附近和装车站附近等地点的沉积煤尘应定期进行清扫，清扫周期由各矿总工程师确定，并将堆积的煤尘和浮煤清除。

②对煤尘沉积强度较大的巷道，可采取水冲洗的方法，冲洗周期应根据煤尘的沉积强度及煤尘爆炸下限浓度确定。在距离尘源 30 m 范围内，沉积强度大的地点应每班或每日冲洗一次；距离尘源较远或沉积强度小的巷道，可几天或一天冲洗一次；运输大巷可半月或一个月冲洗一次；工作面巷道必须定期清扫或冲洗煤尘，并清除堆积的浮煤，清扫或具体冲洗周期由总工程师决定。

③巷道内设置了隔爆棚，也应按下列规定撒岩粉：

（a）巷道的所有表面，包括顶、帮、底以及背板后暴露处都应用岩粉覆盖。

（b）巷道内煤尘和岩粉的混合粉尘中不燃物质组分不得低于 60%，如果巷道中含有

0.5% 以上的甲烷，则混合粉尘中不燃物质组分不得低于 90%。

（c）撒布岩粉巷道长度不得小于 300 m，如果巷道长度小于 300 m，全部巷道都应撒布岩粉。

（d）岩粉撒布周期按下式计算：

$$T = \frac{W}{P}$$

式中　　T——岩粉撒布周期，d；

　　　　W——煤尘爆炸下限浓度，g/m^3；

　　　　P——煤尘沉降速度，$g/(m^3 \cdot d)$。

第三节　矿井防尘工操作规程

矿井应按有关规定和实施要求编制防尘工操作规程。

一、防尘工操作规程的一般规定

防尘工负责井下分管范围内的防尘管路管理，设施的安装、拆除及维修，隔爆水棚的安装、移动、撤除及管理；并对井下巷道洒水除尘；检查防尘设施的使用情况。

二、作业前的准备工作

（1）作业前准备需要安装的防尘管路及设施，并检查管路、设施材料是否合格，不合格的不准下井。

（2）下井时，根据工作需要和现场条件的要求带足必要的工具和材料。

（3）在电机车运行巷道施工时，应与运输部门取得联系，并制定专门措施。

三、防尘管路及防尘设施的运送

（1）高压软管或较短管材、配件可装矿车运送，凡矿车装不下的管材、水棚托架等要装花车运送。管材、配件所装高度不准高出矿车、花车两帮高度，并要捆绑牢固。

（2）在电机车运输巷道运送时，应事先与运输部门取得联系，并严格执行电机车运输的有关规定。

（3）严格执行斜巷运输管理规定，并有防止管材脱落、刮帮和影响行人、通风的措施。

（4）管材运到现场后，要放在指定地点堆放整齐、牢稳，不得妨碍行人、运输和通风。

四、防尘管路及防尘设施的安装与拆卸

（1）按设计要求安装防尘管路，并根据《煤矿安全规程》《煤矿井下粉尘综合防治技术规范》（AQ 1020—2006）规定安设三通和阀门，以便冲刷巷道。

（2）管路要托挂或垫起，管路安设要平直，拐弯处设弯头，不拐急弯。管子接头处的卡兰必须加上垫圈并上紧螺丝，做到不漏水。

（3）在倾斜巷道安装直径为 108 mm 及以上的管路时，必须先安装托管梁；托管梁间

距不大于 5 m。安装时要接好一节再安一节，要先吊挂后连接。

（4）所有采煤工作面进回风巷、掘进工作面、带式输送机巷、刮板输送机道都必须安装防尘管路。

（5）防尘管路接好后，要送水试验。

（6）拆卸管子时，要两人托住管子，一人拧下螺丝。

（7）在倾角较大的联络巷中拆管子时，必须配带保险带，并有专用工具袋，用完的工具或拆下的部件随时装入袋内。拆接管子前，应先用绳子将准备拆接的管子捆好，绳子另一头牢固地拴在支架或其他支撑物上，以防止管子掉下。

（8）拆卸的管子要及时运走，不能运走时应选择不影响通风、行人、行车的地方摆放整齐，并把接头、三通、阀门、螺丝全部回收，妥善保管。

五、隔爆水棚的安装与拆卸

（1）按设计要求选择合理位置打眼并埋设吊挂点。

（2）将水棚托架固定牢固，托架间距为 1.2～3 m。

（3）水槽棚的水槽应采用横向嵌入式安装。

（4）首列（排）水棚与工作面的距离，必须保持在 60～200 m 范围内，超过 200 m 必须及时挪移。

（5）水棚距离顶梁（无支架时为顶板）、两帮（支柱）的间隙（纵向投影）不得小于 100 mm，距巷道轨面不小于 1.8 m；棚组内的各排水棚安装高度应保持一致；棚区处的巷道需要挑顶时，其断面面积和形状应与其前后各 20 m 长度的巷道保持一致。

（6）水棚应设置在巷道的直线段内。

（7）水棚与巷道的交岔口、转弯处、变坡处之间的距离不得小于 50 m。

（8）水棚安装完毕，水槽或水袋内必须加满水，并悬挂隔爆设施说明板。

（9）隔爆水棚设专人管理，定期检查。发现水槽（袋）损坏，必须及时更换，定期加水。

（10）拆除水棚时，首先将水槽（袋）的水放掉，回收水槽（袋）后，逐个拆除水棚托架。

（11）拆除的水棚托架、水槽（袋）、配件要及时装车运走，不能及时运走时，应指定地点堆放整齐。

六、水幕及喷头的安装与撤除

（1）采煤工作面上、下平巷距安全出口不超过 30 m、掘进工作面距工作面不超过 50 m 左右安装水幕。

（2）所有装载点、转载点、溜煤眼均应安装喷雾器，且位置适当。

（3）机械触动式、微振动式、光电式、声控式等自动喷洒装置的安装要按专门设计施工。

（4）水幕与主水管用钢管或高压胶管连接，位置与高度适当。

（5）喷头沿巷道横断面布置，喷嘴的安装数量和安装角度应使水雾能覆盖巷道全断面。转载点喷头安装在扬尘点下风侧，斜对扬尘点。

（6）每排水幕设专人管理、维护，必须保持所有喷头的喷雾状态良好，喷头损坏或堵塞时必须及时更换和处理。

（7）采掘工作面水幕超过规定距离时应及时前移。

（8）拆除或处理喷雾设施故障时，应先关掉水源，放水降压后再处理。

七、喷雾洒水与巷道冲刷

（1）采掘工作面的洒水灭尘工作应指定专人从事或由采掘工兼任。具体要求如下：

①采掘工作面机组均要设内外喷雾装置，并确保正常使用，发现不正常情况要及时进行修理。

②炮采工作面和掘进工作面，爆破前必须洒水灭尘。

③在爆破和机组割煤过程中，必须打开水幕净化风流。

④坚持使用水炮泥和湿式钻眼法。

（2）冲刷巷道积尘的操作如下：

①巷道冲刷时水量要适当，喷洒要均匀，水管出水口设专用喷嘴，保证巷道冲刷干净、无积尘。

②冲刷电机车运输巷道时，应事先与运输调度联系好，并在冲刷地点里外分别设岗，观察行人和车辆，当人员和车辆通过时停止冲刷。冲刷架线电机车巷道时，应事先办理停送电工作手续，并与有关部门联系，切断架线电源，同时挂上"有人工作，禁止送电"的停电牌，并留人看守，然后开始工作。

③在有轨道运输的上、下山或巷道内冲刷煤尘时，要首先和绞车司机取得联系，绞车司机开车前应通知防尘人员，得到防尘人员许可后才能开车。

④洒水冲尘要避开电气设备，电气设备上的粉尘要在不漏电或停电的情况下用湿棉纱等擦干净。

⑤冲刷巷道用的胶管长度要和管路上三通阀门的距离相适应，洒水后要把阀门关好，把胶管撤走或盘放在适当位置，不得乱扔、乱放。

⑥对积尘较厚的地点，应先洒水湿润煤尘，然后将煤尘装车或装入输送机运走。

⑦冲刷巷道要顺着风流进行。

八、防尘工作注意事项

（1）注意作业场所巷道支护安全，首先检查工作面支架、顶、帮等，发现隐患及时处理。冲刷巷道粉尘时，要注意顶板和两帮，防止片帮、垮落矸石伤人，在上、下山冲刷时，人员应站在巷道上方。

（2）在有架空线的巷道中作业时，要严格执行停送电制度，不准带电作业。

（3）在有输送机的巷道内作业时，不得站在输送机上。

（4）防尘供水系统必须安装过滤装置，保证水质清洁。

（5）安装、拆卸防尘管路、设施时，人员要配合好，防止碰伤手脚。

（6）对井下分管范围内的防尘管路、设施定期检查，发现问题及时处理，不经同意不得任意拆除。

（7）冲刷巷道前应首先遮盖好附近的机电设备、管线，按照规定时间对巷道进行冲刷。

第二部分

初级矿井防尘工技能要求

第五章　巷道粉尘清除

第一节　巷道冲刷制度

一、巷道粉尘冲刷制度

（1）主要大巷每年至少刷白一次，由通防科（通防主管部门）组织落实相关单位实施，并做好记录。

（2）运输大巷、运输石门、采区上下山、主要总回风巷，每月至少冲刷一次，采区回风巷、采区输送机运输巷每周至少冲刷一次。

（3）炮掘工作面在爆破前后对距工作面 30 m 范围内进行冲刷；耙装前冲洗耙装机行程范围段的巷帮和对需装煤岩进行洒水。工作面 30 m 范围内每班至少冲刷一次；拌料地点每次作业后，对巷道及管路上的喷浆料、积尘进行清理、冲刷；迎头喷浆作业完工后，整条巷道冲刷或清扫一次，防止喷浆料和水泥面附着在各类装备上；30 m 以外每周至少冲刷或清扫一次，并清除堆积的浮煤。保持底板湿润，无粉尘堆积，必要时缩短冲尘周期，加大冲尘力度。

（4）机掘工作面 30 m 范围内每班至少冲刷一次；30 m 以外每天至少冲刷或清扫一次，并清除堆积的浮煤。拌料地点每次作业后，对巷道及管路上的喷浆料、积尘进行清理、冲刷；迎头喷浆作业完工后，整条巷道冲刷或清扫一次，防止喷浆料和水泥附着在各类装备上。保持底板湿润，无粉尘堆积，必要时缩短冲尘周期，加大冲尘力度。

（5）采煤工作面及其回风巷距工作面 100 m 范围内每班至少冲刷一次；回风巷及回风联络巷每天至少冲刷一次；进风巷及其联络巷每周至少冲刷一次。保持底板湿润，无粉尘堆积，必要时缩短冲尘周期，加大冲尘力度。

（6）巷道冲刷必须按上述规定进行，产尘量增大时必须加大冲尘力度，杜绝粉尘堆积现象，并各自做好冲尘记录。

（7）带式输送机运输大巷机头、机尾及溜煤眼上下口 30 m 范围内每天至少冲刷一次，其余地点每周至少冲刷一次，设备要做到班班清理。

（8）反冲洗水质过滤器每 10 天至少反冲洗一次。

（9）采掘区队配备专责防尘人员，每班负责责任区内的防尘工作。设置防尘管理牌板并认真填写，牌板内容包括巷道冲刷周期、冲刷范围、冲刷日期等。

（10）井下各单位根据所负责冲尘责任范围制定"巷道冲刷月度计划"，对分管范围内的巷道冲刷地点悬挂"防尘管理牌板"。严格按规定周期进行冲刷并认真填写冲刷记录。

二、巷道粉尘冲刷的基本要求

（1）井下巷道内不得有厚度超过 2 mm、连续长度超过 5 m 的粉尘堆积。

（2）用水冲尘时的水量必须适量，以保证最佳的冲尘效果，避免造成巷道积水和水患，搞好工作现场的工业卫生。

（3）冲尘胶管的出水端口应安设鸭嘴形水头。

（4）清扫巷道积尘时，若积尘较大，应先洒水后再将积尘清除。避免粉尘的再次飞扬和井下空气的再次污染。

（5）进行巷道粉尘冲刷时，冲尘人员必须密切配合。

（6）冲尘时，冲尘胶管的出水口不得对向人，以免伤人。

（7）注意作业场所巷道支护安全，首先检查工作面支架、顶、帮等，发现隐患及时处理。冲刷巷道粉尘时，要注意顶板和两帮，防止片帮冒落矸石伤人，在上下山冲刷时，人员应站在巷道上方。

（8）在有架空线的巷道中作业时，要严格执行停送电制度，不准带电作业。

（9）在有输送机的巷道中作业时，不得站在输送机上。

（10）冲刷巷道前应首先遮盖好附近的机电设备、管线，按照规定时间对巷道进行冲刷。洒水冲尘应避开电气设备，电气设备上的粉尘要在不漏电或停电的情况下用湿棉纱等擦干净。

（11）冲刷巷道用的胶管长度要和管路上三通阀门的距离相适应，洒水后要把阀门关好，把胶管撤走或盘放在适当位置，不得乱扔、乱放。

（12）对积尘较厚的地点，应先洒水湿润煤尘，然后将煤尘装车或装入输送机运走。

第二节　巷道粉尘清除方法及步骤

一、巷道粉尘清除方法

巷道粉尘清除的方法主要有：人工清除法和机械清除法。人工清除巷道粉尘的方法，主要是利用防尘供水进行水力冲刷巷道，另外一种是利用扫帚清扫。用扫帚清扫粉尘时，也必须配合洒水进行，以防粉尘再次飞扬。机械清除巷道粉尘的方法主要是利用消尘洒水车、多用消尘喷水车、巷道吸尘器等机械进行巷道除尘。目前，煤矿井下巷道除尘的主要方法是人工冲刷巷道。

二、巷道粉尘冲刷的操作步骤

1. 冲尘准备工作

（1）下井前应准备好冲尘所需的各种工具及备件，如管钳、钢丝钳、管接头、鸭嘴等。

（2）到达工作现场后，应认真检查现场防尘供水管路、三通阀门及冲尘胶管的齐全完好情况，发现问题应及时处理。

（3）冲刷架线电机车巷道时，应事先办理停送电工作手续，并与有关部门联系，按照停电申请的时间，切断架线电源，并严格执行停送电制度，同时挂上"有人工作，禁止送电"的停电牌，然后才能开始工作。在冲刷电机车运输巷道时，应事先与运输调度联系好，并在冲刷地点里外分别设岗，观察行人和车辆，当人员和车辆通过时停止冲刷。

（4）在有轨道运输的上、下山或巷道内冲刷煤尘时，首先要和绞车司机联系好，绞车司机开车前应通知防尘人员，得到防尘人员许可才能开车。

（5）对于巷道内需要保护的电气设备，应事先对电气设备进行保护，以防止浸水损坏设备。

（6）冲尘人员在开始冲尘工作前应明确分工，以保证工作的协调与配合。

2. 巷道冲尘操作

各项工作准备就绪后，便可进行巷道冲刷工作：

（1）将巷道内预设盘好的冲尘胶管沿巷道敷设展开。

（2）按照分工，冲尘人员用手握住胶管出水端适当位置，使鸭嘴管口对向巷道帮，然后通知其他人员开启水阀门。

（3）水阀门应慢慢开启，控制好适当的水量。

（4）冲尘胶管的出水口水流射出后，应将冲尘胶管不断摆动以使水流射向巷道的不同地方，水量要适当，喷洒要均匀，保证巷道冲刷干净、无积尘，达到最佳的冲尘效果。

（5）冲尘时，应按一定的移动速度沿巷道顺风移动。冲尘范围不断扩大，当冲尘的胶管所能覆盖范围的巷道全部被冲刷完毕后，将水阀门关闭，然后再移向另一组三通阀门。按上述步骤重复进行，直至将巷道全部冲刷完毕。

（6）巷道冲刷完毕后，应将冲尘胶管整齐盘好，悬挂在专用的吊钩上。

第六章　防尘管路的安设与维护

第一节　防尘管路的安设要求及维护管理

一、防尘管路安设的基本要求

（1）矿井必须建立完善的防尘供水系统。主要运输巷、带式输送机斜井与平巷、上山与下山、采区运输巷与回风巷、采煤工作面运输巷与回风巷、掘进巷道、煤仓放煤口、溜煤眼放煤口、卸载点等地点都必须敷设防尘供水管路，并安设支管和阀门。防尘用水均应过滤，没有防尘供水管路的采掘工作面不得生产。带式输送机运输巷和带式输送机斜井管路每隔 50 m 设一个三通阀门。其他管路每隔 100 m 设一个三通阀门。

（2）防尘管路要安设平直，吊挂牢固，小于或等于 90°的要设弯头，不拐死弯，接头严密，不漏水（滴水成线者即为漏水）。

（3）防尘管路在巷道内的敷设，一般不应同电缆敷设在巷道的同一巷帮；若与电缆同敷设在巷道一帮时，必须敷设在电缆的下方，并保持 0.3 m 以上距离。

二、防尘管路安设的具体要求

（1）注意作业场所巷道支护安全，首先检查工作面支架、顶、帮等，发现隐患及时处理。要注意顶板和两帮，防止片帮冒落矸石伤人。

（2）在有架空线的巷道中作业时，要严格执行停送电制度，不准带电作业。

（3）在有输送机的巷道中作业时，不得站在输送机上。

（4）防尘供水系统必须安装过滤装置，保证水质清洁。

（5）安装拆卸防尘管路、设施时，人员要配合好，防止碰伤手脚。

（6）对井下分管范围内的防尘管路、设施定期检查，发现问题及时处理，不经同意不得任意拆除或改作他用。

（7）敷设防尘管路时，在管路敷设的地点遇有躲避硐或绞车硐室，应将管路在该地点设置一个"∩"过门，以方便绞车的使用和人员进出躲避硐。

（8）管路的吊挂应牢固可靠，在工字钢棚支护的巷道内安设时，可将吊挂钩固定在工字钢棚上；在锚网支护的巷道内安设时，可将吊挂钩固定在锚杆托盘上；在锚喷支护的巷道内安设时，必须预先施工吊挂眼，设置托管梁或吊挂钩，将管路固定在托管梁或吊挂钩上。在倾斜巷道安装直径为 108 mm 及以上的管路时，必须先安装托管梁，其间距不大于 5 m。

（9）管路吊挂的高度应在运输过程中出现矿车掉道时不至于撞坏管路，一般吊挂高度为 1.5 m 以上。

（10）在倾角较大的小井、联络巷中拆、接管子时，必须配带保险绳，并有专用工具袋，用完的工具或拆下的部件，要随时装入袋内以防坠落伤人。

三、防尘管路的维护管理

（1）建立完善的防尘管路管理台账，详细记录井下防尘管路安设的地点及管路的规格、长度等。

（2）在防尘系统图上详细标注主要防尘干管的规格及管路长度。

（3）防尘管路的安装与撤除必须符合质量标准化的要求。

（4）建立防尘管路检查制度，强化井下现场的监督检查，对管路的事故要及时处理，减少事故影响范围。杜绝井下管路的跑、冒、滴、漏现象。

（5）对井下管路定期进行刷漆除锈。特别是井下服务年限长的主要防尘管路必须强化维护，较好地保护管路，延长其使用寿命和服务年限。

第二节　防尘管路的安设与拆除

一、安设防尘管路作业前的准备工作

（1）作业前准备齐全需要安装的防尘管路及设施，并检查管路、设施材料是否合格，不合格的不准下井。

（2）下井时，根据工作需要和现场条件的要求带足必要的工具和材料。

（3）在电机车巷施工时，应与运输部门取得联系，并有专门措施。

（4）当管路通过风门、风桥等通风设施时，应从墙的一角打孔通过，接好通过后用灰浆堵严，管路不得影响风门开关。

二、防尘管路及防尘设施的运送

（1）高压软管或较短管材、配件可装矿车运送，凡矿车装不下的管材等要装花车运送。管材、配件所装高度不准高出矿车、花车两帮高度，并要捆绑牢固。

（2）在电机车运输巷道运送时，应事先与运输部门取得联系，并严格执行电机车运输的有关规定。

（3）在斜巷用绞车运送时，严格执行斜巷运输管理规定，并有防止管材脱落、刮帮和影响行人、通风的措施。

（4）在斜巷中人力运送管子时，要在管子两端拴好绳扣，由两人分别提两端绳索。如一人运送时，可以由上往下放，或由下往上背运。如果斜巷坡度大（超过25°），应在运料前先清除巷道内易滑物料，在下口设好栅栏，禁止其他人员通行后，再进行运送。运完后要把栅栏撤除。

（5）管材运到现场后，要放在指定地点码放整齐、牢稳，不得妨碍行人、运输和通风。

三、防尘管路的安装

防尘管路安装的步骤和注意事项：

（1）防尘管材和设备要沿安设管路的巷道一帮进行摆放，管路摆放时应轻放、慢放，以免损坏管路，安装作业人员应互相密切配合。

（2）按标准要求的高度对管路进行吊挂。

（3）根据管路不同的连接方式进行管路连接。在管路连接前，认真检查管口及管内的情况，防止管路内进入杂物，造成管路堵塞。发现管内有异物时，首先进行管路清理，将管路内的异物全部清理干净。

（4）安装时要接好一节抬一节，先吊挂后连接，按照顺序逐节进行，每节管子用吊挂钩（或管子托架）进行吊挂固定。几种管接头的连接方法如下：

①CJH（B）系列管接头的连接：将密封圈先套在一根管子的管接头上，再将另一根管路的管接头与其对接，两根管路对接时应保持同心，对接口要结合严密。再将密封圈移向两根管路的结合部，将其两根管路的接头密封。最后，将一对卡兰（管卡）同时套在管路接头处的密封圈上；卡兰（管卡）对好后，轻轻用力旋转，以确保管接头、密封圈和卡兰（管卡）的相对位置准确合理，无误后即可将卡兰（管卡）用螺栓连接紧固。

②法兰连接：将橡胶垫铺在管路一端的法兰盘上，将螺孔对正，然后将另一根管路的管头法兰与其对接，同时对正螺孔，最后用连接螺栓进行紧固。紧固螺栓时，用力要均匀，各螺栓的受力应均衡。严禁用手指摸两个法兰间隙及螺丝眼，以防错动咬手。

③丝扣管接头的连接：连接丝扣时，在公扣接头一端缠绕适量的盘根，然后将其慢慢旋入另一接头的母扣内，将丝扣上满旋紧，但用力不应过大，以免损坏丝扣。

④高压胶管 KJ 管接头的连接：检查管路接头上是否有密封圈，若没有时应将管路接头上戴上密封圈，然后将管路上的接头插入接头套内（即高压管路两通），用力不要过猛，更不要用其他器具撞砸，以防损坏高压胶管及管接头。

⑤三通阀门及水质过滤器的安设：可根据规格大小及与管路的匹配情况，参照以上方法与管路进行连接，注意管路的阀门应处于关闭状态。

（5）防尘管路接好后，进行送水试验，检查管路、三通阀门的安装情况。若发现有漏水，应及时停水处理。然后再进行重复试验，以达到管路的安设质量符合标准要求。

（6）整理工作现场。

四、防尘管路的拆除

拆除防尘管路时应注意以下事项：

（1）拆卸管子时，要两人托住管子，一人拧下螺丝。

（2）在倾斜巷道中工作点较高的联络巷中拆管子时，必须配带保险带，并有专用工具袋，用完的工具或拆下的部件随时装入袋内。拆接管子前，应先用绳子将准备拆接的管子捆好，绳子另一头牢固地拴在支架或其他支撑物上，以防止管子掉下。

（3）拆卸的管子要及时运走，不能运走时应选择不影响通风、行人、行车的地方摆放整齐，并把接头、三通、阀门、螺丝全部回收，妥善保管。

第七章 隔爆设施的安装与维护

第一节 隔爆设施安设的基本要求及其维护管理

一、隔爆设施安设的基本要求

在有煤尘爆炸危险的矿井中，为防止煤尘爆炸的传播，必须设置水槽（袋）棚。水槽（袋）棚的设置应符合下列技术要求：

（1）井下使用的水槽（袋），必须是经过专门的鉴定机构进行标准检验质量合格的水槽，未经检验或不符合标准的水槽，严禁使用。

（2）水槽（袋）棚设置地点、用水量与棚区长度、设置现场位置、水棚列（排）内水槽（袋）的布置及安设质量应符合《煤矿安全规程》《煤矿井下粉尘综合防治技术规范》（AQ 1020—2006）要求。

安设现场的防尘管路系统要完善，有三通阀门，必须具备水槽（袋）加水的条件。

（3）水槽棚的水槽应采用横向嵌入式安装。安装嵌入水槽的支承架净宽度应比水槽外形尺寸的最大宽度宽 3 mm。支承架的本身宽度不得大于 5 cm。

（4）水棚托架必须固定牢固，托架间距为 1.2~3 m。

（5）水槽支承架在受到巷道轴线方向力的作用时（力的大小等于支承架上水槽和水的重量），水平方向的弯曲程度不得大于支承架长度的 1%。

（6）水槽支承架在放置盛水水槽后，向下的弯曲程度不得大于 4 cm。

（7）水袋应采用易脱钩的吊挂方式，挂钩位置应对正，每对挂钩要相向布置（即钩尖对钩尖），水袋吊挂钩的角度 α 应为 60°±5°，钩长 25 mm，保证其性能要求。吊挂钩示意如图 7-1 所示。

（8）首列（排）水棚与工作面的距离，必须保持在 60~200 m 范围内，超过 200 m 必须及时挪移。

二、隔爆设施的维护与管理

（1）建立巡查制度，隔爆水棚设专人管理，定期检查，每半月至少检查一次并及时填写"隔爆设施安装维护说明牌"。

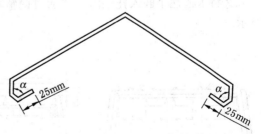

图 7-1 隔爆水袋吊挂钩示意图

（2）保持隔爆棚的正常容水量，定期加水，保证水槽（袋）内的水量不低于其容量的95%。

（3）保持水棚的齐全与完好，发现水槽（袋）损坏，必须及时更换。

（4）定期清除水槽（袋）内的积尘、水垢，保证其良好的性能。

（5）根据井下生产的需要及时挪移水棚，保证其安设位置的合理性。

第二节　隔爆水棚安设与撤除

一、水棚安装前的准备工作

（1）对隔爆设施安装现场进行实地察看，掌握安装现场的情况，计算好准备安装水棚的水槽（袋）个数、水槽（袋）排数及水棚棚区长度。

（2）准备隔爆设施安装过程中所需的材料、工具等（如梯子、吊挂钩子、托架、托管、加水用的胶管、钢丝钳等）。

（3）准备安装的水槽或水袋，并认真检查水袋、水槽的质量，不合格的产品不得下井。

（4）若在锚喷巷道内安设水棚时，应预先施工隔爆设施吊挂眼、预埋吊挂钩。

（5）选择安装地点时，应选择有三通阀门的位置，若安装现场无三通阀门，应预先安设三通阀门，提前创造能够向隔爆设施加水的条件。

（6）所有物品、材料、工具及安装现场的准备工作就绪后，即可将其运输到井下安设地点准备安装。装车运输时，应保证装车质量，保护好水槽（袋）及其他材料不被损坏和丢失，同时，在运输过程中应严格执行井下运输的各项管理规定。

二、隔爆水棚的安装步骤

（1）首先检查安装现场用于吊挂设施的支点（或吊点）是否符合要求，否则应进行处理。

（2）安装前清点水槽（袋）及托架、吊钩、托管的数量，并认真检查其质量，发现问题及时处理。

（3）安设水槽时应做到：

①首先在巷道的两帮沿巷道方向安设两路平行的托管，将托管固定在吊钩上，然后再将托架按照标准的要求等间距（1.2~3m）逐一排放并固定在两条平行的托管上。

②将水槽逐个嵌入托架内，并随时调整其位置，使其排列整齐，安装布置如图7-2所示。

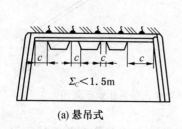
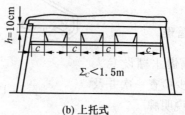
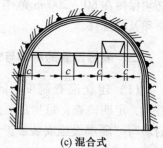

(a) 悬吊式　　　　　　(b) 上托式　　　　　　(c) 混合式

图7-2　水槽在巷道内的布置图

（4）安设水袋棚时的要求：根据巷道断面的大小，可选择 30 L、40 L、80 L、100 L 几种规格中的一种，选择安装 30 L 或 40 L 的水袋时，每排可安设 3 个水袋，选择安装 80 L 或100 L 的水袋时，每排可安设 1 个或 2 个水袋，安装布置如图 7 - 3 所示。

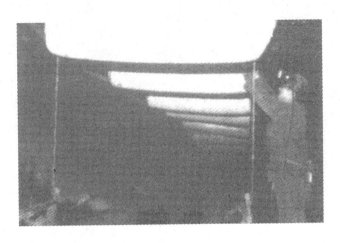

图 7 - 3 隔爆水袋吊挂示意图

①首先安设托管，将其牢固地固定在吊挂支撑点（或吊点）上。若在锚喷巷道内安设时，吊点指预埋的吊挂钩；在工字钢棚支护的巷道内安设时，吊点指工字钢棚；在锚网支护的巷道内安设时，吊点指锚杆托盘处。

②在托管上按水袋的吊挂眼间距均匀布置吊钩，同时将水袋吊挂在吊钩上。

③调整水袋的位置，使水袋的安设符合要求。

（5）在安设过程中，可以用工程线拉向隔爆棚的两端，标定其是否整齐，以便作进一步的调整。

（6）设施安设完成后，进一步检查水棚的安装质量，确认无误后，向水槽（袋）内加满水。

（7）整理安设现场，收拾现场物品，盘好加水胶管，并悬挂隔爆设施说明板。

三、隔爆水棚的拆除

（1）拆除水棚时，首先将水槽（袋）的水放掉，回收水槽（袋）后，逐个拆除水棚托架。

（2）拆除的水棚托架、水槽（袋）、配件要及时装车运走，不能及时运走时应指定地点堆放整齐。

第三部分

中级矿井防尘工知识要求

第八章　煤矿粉尘治理

第一节　粉尘对瓦斯爆炸事故的影响

一、瓦斯爆炸事故产生的条件及其影响因素

瓦斯爆炸必须具备三个条件，即具有一定的瓦斯浓度、高温火源和足够的氧气，三者必须同时存在。

1. 瓦斯浓度

瓦斯浓度低于5%~6%的混合气体无爆炸性，遇火后只能燃烧不会爆炸；当瓦斯浓度为5%~6%至14%~16%时，混合气体有爆炸性；当瓦斯浓度大于14%~16%时，混合气体无爆炸性，引火后不燃烧也不爆炸。瓦斯只有在一定的浓度范围内才有爆炸性，这个范围的最高浓度14%~16%称为爆炸上限，其最低浓度5%~6%称为爆炸下限。

瓦斯浓度在一定范围内时混合气体有爆炸性。当一定浓度的瓦斯吸收足够的热能后，将分解出大量的活化中心，完成整个氧化反应过程，并放出一定热量。如果生成的热量超过周围介质的吸热和散热能力，而混合物又有足够的瓦斯与氧气同时存在，那么就会生成更多的活化中心，使氧化过程迅猛发展成为爆炸。若参与反应的瓦斯浓度低于5%，氧化生成的热量与分解的活化中心都不足，则这一反应不能发展成为爆炸。又若瓦斯浓度高于16%，相对的氧气的浓度就不够，不但不能生成足够的活化中心，而且因为瓦斯的热容量大（约为空气的2.5倍），氧化生成的热量为周围介质所吸收，当然，也不会发展成为爆炸。因此，瓦斯浓度只有在5%~16%范围内，遇高温火源点燃，才会发生爆炸。

瓦斯爆炸浓度的界限并不是固定不变的，它受温度、压力，以及煤尘、其他可燃气体、惰性气体的混入等因素的影响。

试验表明，瓦斯混合气体的初温越高，爆炸界限就会扩大。当混合气体初温为20℃时，瓦斯爆炸浓度界限为6.0%~13.4%；当混合气体初温为100℃时，瓦斯爆炸浓度界限为5.45%~13.5%；当混合气体初温为700℃时，瓦斯爆炸浓度界限为3.25%~18.75%。当矿井发生火灾时，高温会使原来不具备爆炸条件的瓦斯具备爆炸条件。

煤尘和其他可燃气体（如H_2、CO）的混入能使瓦斯爆炸界限扩大。当空气中有爆炸性煤尘飞扬时，瓦斯浓度为3%以上就可能引起爆炸。

惰性气体的混入则起着阻碍爆炸的作用。在正常的混合气体中，氮气含量每增加1%时，爆炸下限就提高0.017%，上限下降0.54%，如果氮气含量达到81.69%以上，混合气体就不能爆炸。在混合气体中每增加1%的二氧化碳，其爆炸下限就提高0.033%，上

限下降 0.26%；而当一氧化碳含量达到 22.8% 时也不能爆炸。加入少量某些阻爆剂就能使瓦斯失去爆炸性，例如加入 5.4% 的二溴二氟甲烷（CF_2Br_2）或 6% 的一溴三氟甲烷（CF_3Br），即可实现阻爆。

2. 高温火源

一般点燃瓦斯的温度为 650 ~ 750 ℃。不同浓度的瓦斯，其点燃温度也不同（表 8 - 1）。

表 8 - 1　瓦斯浓度与点燃温度的关系

瓦斯浓度/%	2	3.4	6.5	7.6	8.1	9.5	11	14.7
点燃温度/ ℃	810	665	512	510	514	525	539	565

从表 8 - 1 可见，瓦斯最容易点燃的浓度是 7% ~ 8%。煤炭科学研究总院沈阳研究院的试验证明：电火花最易引爆的瓦斯浓度为 8.3% ~ 8.6%。

瓦斯遇高温火源时，并不立即燃烧或爆炸，需经过一段很短的时间后才可点燃。通常把这种引火延迟时间称为感应期。这是因为瓦斯的热容量很大，需要吸收一定热量后，才开始分解与燃烧；感应期的长短，在压力一定时，取决于瓦斯的浓度与火源温度。

高温火源的存在，是引起瓦斯爆炸的必要条件。例如电气火花、违章爆破、煤炭自燃、明火等都易引起瓦斯爆炸。

3. 足够的氧气

瓦斯爆炸的实质是瓦斯（CH_4）和氧气（O_2）组成的爆炸性混合气体遇火源点燃所产生的一种复杂的、激烈的氧化反应。没有足够的氧气，就不会发生爆炸。当氧气浓度低于 12% 时，瓦斯就失去爆炸性。

二、煤尘对瓦斯爆炸的影响

煤尘与瓦斯都具有爆炸性，煤尘在具备以下三个条件时就会发生爆炸：

（1）一定浓度。一般粉尘浓度为 45 ~ 2000 g/m^3 时易于爆炸，粉尘浓度为 300 ~ 400 g/m^3 时爆炸性最强。

（2）足够的氧气。氧气含量一般为 18% 以上。

（3）有引起爆炸的火源存在。一般引爆温度为 700 ~ 800 ℃，有时要达 1000 ℃ 以上。多数矿井的煤尘都具有爆炸性。当瓦斯和空气的混合气体中混入有爆炸性危险的煤尘时，由于煤尘本身遇到火源会放出可燃性气体，因而会使瓦斯爆炸下限降低。根据试验，空气中煤尘含量为 5 g/m^3 时，瓦斯的爆炸下限降低到 3%；煤尘含量为 8 g/m^3 时，瓦斯爆炸下限降低到 2.5%。显然，正常情况下，空气中的煤尘含量达到这些数值是不可能的，但当沉积煤尘被暴风吹起时，达到这样高的煤尘含量却十分容易。因此，对于有煤尘爆炸危险的矿井，做好防尘工作，从防止瓦斯爆炸的角度来讲也是十分重要的。

瓦斯爆炸后，气体以极快的速度从爆源沿巷道向外冲击，称为直接冲击。由于爆源气体高速向外冲击，加之爆炸生成的一部分水蒸气随着温度的降低而凝结，在爆源附近造成了空气稀薄的低压区，致使被挤压的气体又以高速返回爆源，称为反向冲击。反向冲击虽较直接冲击弱，但因其沿着已遭破坏的区域反冲，故破坏性往往更大。

当爆炸产生的高温、高压气流以高速向外冲击时，若沿途遇到积存的瓦斯或扬起的煤尘，就可能导致二次爆炸；有时瓦斯爆炸后，因火源仍存在（如爆炸引起火灾，爆炸破坏了火区的防火墙等），当瓦斯重新积聚、浓度达到爆炸界限时又会发生爆炸，这种循环爆炸称为连续爆炸。

瓦斯爆炸后，生成大量有害气体。爆炸后的气体中氧气含量减少，产生大量一氧化碳，如果有煤尘参与爆炸，则生成的一氧化碳更多。据统计，在瓦斯爆炸所造成的伤亡中，一氧化碳中毒的人员往往占很大比重。

第二节　炮掘工作面防尘

在煤矿井下的采、掘、运等几项主要生产系统中，除回采外，掘进是矿井的主要产尘源。掘进方式中，炮掘至今仍是国内外广为使用的方法。对于炮掘，多年来建立了许多行之有效的防尘措施，如湿式打眼、干式捕尘、爆破喷雾、水炮泥降尘、装岩洒水、冲洗岩帮、加强通风和风流净化等。

一、打眼防尘

风动凿岩机或煤电钻打眼是炮掘工作面持续时间长、产尘量多的工序。打眼工序的防尘是炮掘防尘中极为重要的工序。

（一）风钻湿式凿岩

1. 供水方式及降尘效果

使用风钻进行湿式凿岩，是国内外岩巷掘进十分有效的基本防尘方法。据调查，我国目前约有 60% 以上的岩巷炮掘工作面采用了湿式凿岩。这种方法是在凿岩过程中，将压力水通过风动凿岩机送入孔底，湿润并冲洗炮眼中的粉尘，使其在炮眼中变成尘浆流出炮眼。湿式凿岩使用得好的矿井，工作面的粉尘浓度可由干打眼的 $500 \sim 1400 \, \text{mg/m}^3$ 降至 $4 \sim 10 \, \text{mg/m}^3$，降尘率可达 90% 以上。湿式凿岩按其供水方式的不同可分为如下两种：

（1）中心式供水。中心式供水是在钻机中心装有水针，水针前端插入钎尾部的中心孔，后端与弯头及供水管相连；凿岩时，打开水阀，压力水经水钎进入炮眼底，湿润和冲洗粉尘。

中心供水的降尘效果与供水量有关，供水量大，降尘效果好；供水量小，降尘效果差。一般认为，供水量应大于 $4 \, \text{L/min}$ 较为合适。中心供水的水压要求低于风压 $98 \sim 147 \, \text{kPa}$。如果水压过高，水会进入机膛，冲洗润滑油，使凿岩机运转不正常，降低了凿岩速度。

（2）侧式供水。侧式供水风钻是在钎子尾部装有一个接水的离合器装置（图 8 - 1）。侧式供水风钻打眼时供给的压力水不是经过水针，而是在钻机头部通过离合器，并由其内腔经过配水胶皮圈，再经钎尾上的一个小孔进入钎子中心孔，然后经钎子头的出水孔到达炮眼底部，使岩粉湿润。由于压力水是从机头旁直接供给的，避免了冲孔水倒灌机膛和充气现象的发生，改善了对细粉尘的捕获，能进一步降低作业场所的粉尘浓度和提高纯凿岩速度。

侧式供水的水压比中心式供水的水压高，一般控制在 $294 \sim 392 \, \text{kPa}$ 范围内较为适宜。如果太高，会发生因密封圈和钎杆一同转动而漏水的现象。

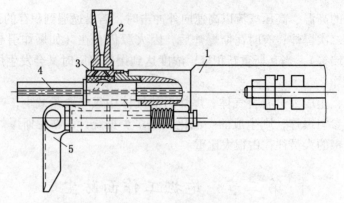

1—风钻前部；2—水套；3—胶皮圈；4—钻杆；5—钎托

图 8-1　侧式供水风钻与离合器组装示意图

2. 湿式凿岩设备

我国煤矿目前广泛使用的定型湿式凿岩设备见表 8-2。

表 8-2　湿 式 凿 岩 设 备

名　　称	气　腿　式　凿　岩　机				冲击旋转支腿式电动凿岩机	旋转式岩石电钻
型　号	7655		YT-26	YTP-26	YD-2	YDX40A
钻岩深度/m	5	5	5	5	4	5
钻孔直径/mm	34~38	34~48	34~42	36~45	34~43	40
钎尾规格（六角对边×长）/（mm×mm）	22×108	22×108	22×108	22×108	22 或 25	

（二）干式凿岩捕尘器

不同型号的干式凿岩捕尘器是解决干式打眼防尘的有效措施。根据捕尘方式不同，可分为两种类型：一种是不带孔口捕尘罩的眼底捕尘器；另一种是带孔口捕尘罩的干式孔口捕尘器，GP-81 型凿岩机干式捕尘器便是这种类型。它适合与 01-30 型手持凿岩机和 YT-25 型、7655 型气腿式凿岩机配套，用于向下或水平打孔干式凿岩捕尘。干式凿岩捕尘器可用于不同角度干打眼捕尘，能定期清灰，运转可靠，装有消音器，能克服环境噪声对人体的危害，并兼有体积小、质量轻等特点。

（三）煤电钻湿式打眼

在全煤、半煤岩和软岩巷道中掘进时，采用煤电钻湿式打眼，能获得良好的降尘效果。工作面的粉尘浓度能由煤电钻干打眼时的 53.2~140 mg/m³ 降至 9~18 mg/m³，降尘率可达 75%~90%。

二、爆破降尘

（一）使用水炮泥

爆破采用水炮泥防尘，就是用特制的、装有水的塑料水袋（俗称水炮泥）填入炮眼内，用它代替部分黏土炮泥，当炸药爆炸时，产生的高温、高压会将水炮泥中的水压入煤（岩）裂隙中，并使部分水汽化成细雾粒，实现抑制粉尘产生和减弱粉尘飞扬的作用。这种水封爆破法是必须采取的最常规、有效的防尘方法。

目前，煤矿最适用的水炮泥为自动封孔型水泡泥（图 8-2）。这种水炮泥与塑料水炮泥堵配套使用，既可简化爆破封孔工艺又可减轻爆破员的劳动强度。水炮泥堵如图 8-3 所示。

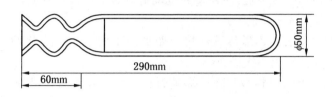

图 8-2　自动封孔型水炮泥示意图

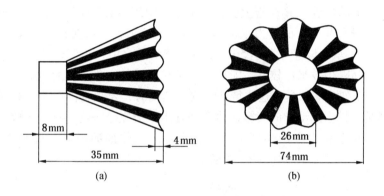

图 8-3　塑料水炮泥堵结构示意图

自动封孔型水炮泥（图 8-2）全长 290 mm、容水段长 230 mm、封孔段长为 60 mm、直径为 50 mm，容水质量为 200~250 g。水炮泥的承载压力为 6.86~7.35 MPa，封孔方式为水压自动封孔，充水水压为 19.61~196.13 kPa。

使用水炮泥，不仅能显著降低爆破产尘，而且对降低工作面的温度，减少爆破后的炮烟和氮氧化物、一氧化碳等均有明显效果。根据测定，一般炮烟降低约 70%，有害气体减少 37%~46%。

（二）爆破喷雾

针对爆破时工作面粉尘浓度高的特点，经多年实践证明采用喷雾的方法降低工作面的粉尘浓度既简单又有效，国内煤矿炮掘巷道爆破时采用喷雾进行降尘的方法或装置主要有如下两种。

1. 单水喷雾

所谓单水喷雾，就是采用单一的压力水进行喷雾降尘。这种喷雾方式按其压力的大小和控制方式的不同，有以下几种喷雾降尘系统和自动控制装置。

（1）高压喷雾。高压喷雾的优点是水的雾粒细、速度快、射程远、覆盖面积大、降尘效率高，能取得很好的降尘效果。试验证明，采用高压喷雾方式降尘，炮掘工作面的粉尘浓度可由 433.8 mg/m³ 降至 16.7～10 mg/m³，降尘率高达 96.1%～97.69%，使爆破工序的粉尘浓度基本达到国家卫生标准。

（2）声控自动喷雾降尘装置。爆破喷雾实现声控自动启动，以及延迟一定时间后能自动关闭停止喷雾的降尘装置适合井下使用，煤矿井下应用的声控电气自动化喷雾装置主要有：PJD-7 系列喷雾装置、KPZ 系列喷雾装置、MPZ 系列喷雾装置、HW91 系列喷雾装置、ZPC 系列微振动喷雾装置、KHC1 系列喷雾装置等。声控机械自动化喷雾装置主要有：TJ-1 型爆破自动喷雾装置等。

但是要注意的事项有：声敏传感器接收距离应不大于 90 m，接收面应对着爆破处，声敏传感器距控制器的距离不大于 50 m。

（3）水幕净化。水幕是拦截并降低爆破时粉尘的另一种有效措施。水幕的布置方式和安设的喷嘴数量，视巷道断面形状和大小而定。煤矿井下常用的是梯形水幕和半环形水幕。水幕的喷雾方式有微孔喷雾和喷嘴喷雾两种。微孔喷雾式水幕，可用直径为 19 mm 的钢管制成半环形的弯管，并在管上钻两排孔径为 1.0～1.5 mm、角度为 30°～45°的细孔，将 392.26～588.40 kPa 的压力水从这些细孔内喷出，便可在整个巷道内形成一道约 2 m 厚的密集滤尘雾墙，降尘率可达 50% 左右，特别适合中、小型煤矿采用。采用喷嘴喷雾式水幕，应选择降尘效果比较好，能形成细雾粒且雾粒密集均匀的喷嘴。矿用喷嘴系列中的 D、S 和 Y 系列喷嘴都具有这些特性。安装喷嘴时，要注意将喷嘴口对准工作面，不可朝下，使其逆着粉尘流动方向喷雾，才会使含尘风流充分净化。每次爆破后喷雾时间不得低于 10 min，直至粉尘和炮烟基本消失。水幕距工作面的距离一般为 20 m，每掘进 10 m，移动一次。其安装示意如图 8-4 所示。

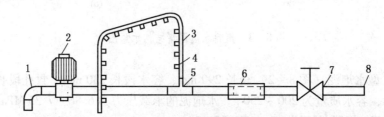

1—泄水口；2—阀门；3—水幕；4—喷嘴；5—X 异径三通；6—水质过滤器；7—止水阀；8—压力水进口

图 8-4　水幕安设示意图

2. 风水喷雾

爆破后，采用风水喷雾器进行喷雾降尘，是爆破工序中另一种简单而且十分有效的防尘措施。风水喷雾器是以压缩空气作动力喷吹压力水成雾的装置。它具有雾流射程远、雾封面积大、雾粒细且均匀性好、结构简单、使用轻便和降尘效果好等特点，适合爆破降尘使用。目前，煤矿井下使用的风水喷雾器主要有扩散型喷雾器、喷射型喷雾器、水炮弹和 YP-1 型压气喷雾器等。几种风水喷雾器的技术参数见表 8-3。

表 8-3　几种风水喷雾器的技术参数

名　称	风压/kPa	水压/kPa	最远射程/m	有效射程/m	张角/(°)	雾体最大直径/m
YP-1 型压气喷雾器	294～784	294～2940	5.5～6.0			
扩散型喷雾器	490	147	18	16.5	30	4.8

表8-3（续）

名 称	风压/kPa	水压/kPa	最远射程/m	有效射程/m	张角/(°)	雾体最大直径/m
喷射型喷雾器	622	294	17～22.5	16～19		4.9
HTY-2型喷雾器	490	294		10～12		
金属矿山风水喷雾器	588	392		18.3	18	
水炮弹	490	147	30	18		3.7

喷射型和扩散型喷雾器的结构如图8-5、图8-6所示。

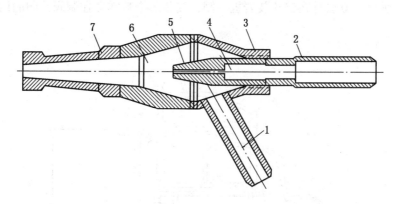

1—进水管；2—进风管；3—螺母；4、6—混合室；5—压缩空气喷嘴；7—喷嘴

图8-5 喷射型风水喷雾器结构图

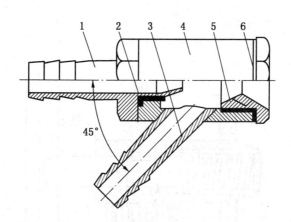

1—压气接头；2、5—橡胶密封圈；3—水管接头；4—风水混合室；6—风水喷嘴

图8-6 扩散型风水喷雾器结构图

三、装岩（煤）防尘

采用打眼爆破施工的掘进工作面装载时，简单易行的降尘办法是喷雾洒水。

1. 人工洒水

对爆破下来的矿石进行分层洒水。具体做法是：在装载前，对矿石堆充分洒水，将湿润的矿石装完后，再对未湿润的第二层矿石洒水，随着装载位置向前移动，经常洒水，直至被装矿石保持充分湿润状态为止。采用这种简单的办法，一般可使粉尘浓度降至 1.2～2.3 mg/m³。

2. 喷雾器洒水

电动或风动装岩机装岩时，可在距工作面 4～5 m 的顶板两侧，安设两个喷雾器进行喷雾洒水。在安装喷雾器时要注意将喷射口对准铲斗装岩活动区域，要保持射程和装岩铲斗活动半径一致。随着装岩机向前推移，喷雾器的位置也要相应向前移动。

3. 机载自动喷雾

使用铲斗装岩机装岩时，可以使用机载式自动喷雾形式进行自动喷雾降尘。其布置方式如图 8-7 所示。方法是在铲斗装岩机一侧，安装一个喷雾器控制阀，阀的结构如图8-8 所示。

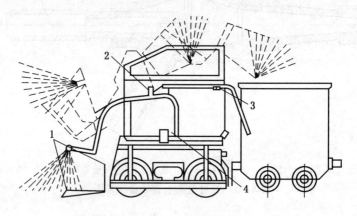

1—喷雾器；2—控制阀；3—调节阀；4—铲斗装岩机

图 8-7　铲斗装岩机机载自动喷雾示意图

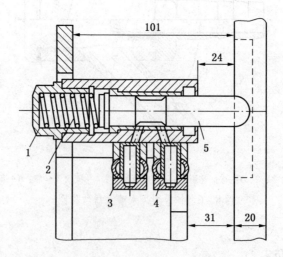

1—阀座；2—弹簧；3—出水管；4—进水管；5—阀杆

图 8-8　装岩机机载自动喷雾控制阀结构图

阀的前部用软水管与铲斗装岩机上的喷雾器连通，后端与调节水量的调节阀连通。当铲斗装岩时，打开控制阀门，水路接通，喷雾器喷雾。当装岩机的摇臂运转到一定高度时，摇臂将阀杆压入阀内，水路被隔断，喷雾停止，铲斗到达卸岩位置时，又开始喷雾。这种机载式自动喷雾降尘装置，既可按需要喷雾节约用水，又不会淋湿作业人员的衣服。

四、冲洗岩帮

爆破前后用压力水冲洗岩帮，清除散落在巷道壁上的粉尘，这是既简单有效，又必不可少的清除沉积粉尘的办法，水压以 294 ~ 490 kPa 为宜。当水压为 392 kPa 时，喷嘴的耗水量约为 10 L/min。每次冲洗的时间，视风筒距工作面的远近而定，一般为 5 ~ 10 m。

五、通风排尘

在打眼、爆破、装载等生产工序中，虽然都采取了相应的防尘措施，并获得了显著的降尘效果。但这些措施绝大多数是应用喷雾进行降尘，雾粒对粒径很细的粉尘，特别是 10 μm 以下的粉尘的沉降作用较差，致使这些粉尘悬浮于空气中很难沉降下来。如果不采取其他防尘措施，继续作业，工作面的细粉尘浓度将逐渐增大。针对这一问题，采用加强通风的方法稀释和带走细微粉尘是行之有效的方法。从防尘的角度看，加强通风，主要是合理地确定与防尘有关的通风参数及按不同的生产技术条件来选择合适的通风方式。

（一）巷道排尘风速与风量的确定

1. 最低排尘风速

最低排尘风速，是指保证风流在巷道净断面内有稳定的紊流脉动速度，使 5 μm 以下的呼吸性粉尘随风流的运动被排出的最低风速。最低排尘风速一般是用试验方法确定的。按照《煤矿安全规程》的规定，岩巷中的风速不得低于 0.15 m/s，煤巷中的风速不得低于 0.25 m/s。目前，国内推荐的最低排尘风速为 0.25 ~ 0.5 m/s。对于产尘强度大的机掘巷道可适当增大排尘风速。

2. 极限排尘风速

极限排尘风速，是指已经沉积了的粉尘在风流作用下，能被再次扬起来的风速。

试验证明，当风速在 4 m/s 以下时，粉尘浓度随着风速的增大而降低，当风速超过 4 m/s 时，粉尘浓度随着风速的增大而升高。因此，在确定最大风速时，一般都不应超过 4 m/s 这个极限风速。

3. 最优排尘风速

最优排尘风速，是指当风速达到某一定值时，工作面能获得最理想的降尘状态。这个风速为最优排尘风速，通常为 1.5 m/s。

4. 排尘风量

（1）最低风量。最低风量，是指保证巷道具有最低排尘风速所必需的风量。

（2）标准风量。标准风量，是指能满足稀释粉尘并达到允许的卫生浓度标准所必需的风量。

（二）通风排尘方式

掘进工作面的通风排尘方式主要有以下三种。

1. 压入式通风

压入式通风排尘系统的布置如图 8-9 所示。这种通风排尘方式所需的材料设备简单，管理简便，在我国煤矿仍被广泛采用。它的优点是新鲜风流沿风筒压入工作面，不仅能有效地冲散工作面集聚的瓦斯，而且能稀释粉尘、炮烟，使含尘空气迅速沿巷道排出。其不足之处是，由于含尘污风是沿巷道全断面排出，致使工人处于粉尘和炮烟浓度较高的作业环境下工作，同时还得使风筒末端距工作面的距离不大于 5 m。否则风流会在工作面形成涡流，使粉尘、炮烟等不能充分排出，降低通风排尘效果。

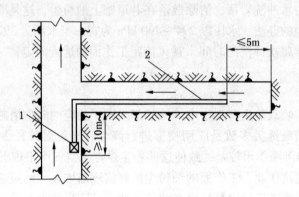

1—局部通风机；2—压入式软风筒

图 8-9　压入式通风排尘系统的布置

2. 抽出式通风

抽出式通风排尘系统的布置如图 8-10 所示。

新鲜风流沿巷道流入，清洗工作面后，污浊空气通过风筒由局部通风机抽出，能保证工人处于新鲜风流中工作。

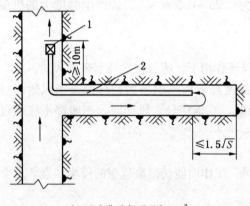

注：S 为巷道断面面积，m^2

1—除尘风机；2—抽出式风筒

图 8-10　抽出式通风的布置方式

采用这种通风排尘系统时，仍要特别注意吸风口至工作面的距离不得大于抽出风流的有效吸程，否则在工作面附近也会出现涡流停滞区。风筒吸风口至工作面的距离越大，涡流停滞区越长，抽出粉尘、炮烟等所需的时间也就越长。因此，采用抽出式通风时，风筒吸风口至工作面的距离应小于有效吸程。

实践证明，对于干式作业或虽采取某些湿式作业防尘措施，但粉尘污染仍很严重的掘进工作面和低瓦斯矿井的掘进工作面，适宜采用抽出式通风。

这种单一的抽出式通风排尘方式的缺点是对粉尘的吸捕范围小，对消除工作面的瓦斯集聚也不利，瓦斯涌出量大的工作面，容易形成瓦斯集聚。而且由于抽出式通风系统的管网阻力损失较大和漏风等因素的影响，要保证供给与压入式通风系统等量的风量，其抽出式所需风机的风量和负压都较高。

如果抽出式通风系统排出的污浊风流能直接引入既无人工作，也无人行走的回风巷，则可在系统中不安设除尘设备。与此相反者，则应安设配套的除尘设备，对抽出的污风进行净化处理后，才能直接排入巷道。

目前，我国已用于煤矿掘进防尘的抽出式风机主要有 SCF 系列湿式除尘风机和 KCS 系列除尘器。SCF 系列湿式除尘风机包括 SCF－5 型、SCF－6 型、SCF－7 型等三种产品。这种系列的湿式除尘风机为单级轴流式，电动机置于气体流道外；流道为上、下分叉式，流线型结构。在风叶轮前设有喷雾装置，由于风叶轮旋转将含尘空气吸入并与水雾充分混合，然后经过除尘器和脱水系统达到净化空气的目的。SCF 系列湿式除尘风机结构示意如图 8－11 所示。

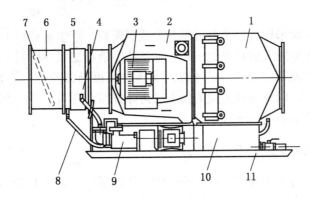

1—除尘器及脱水器；2—局部通风机；3—主电机；4—喷水筒；5—安全风窗；6—调节风筒；
7—可调风门；8—喷雾和管路系统；9—泵；10—沉淀水箱；11—底架

图 8－11　SCF 系列湿式除尘风机结构示意图

3. 混合式通风

混合式通风是为了克服单一的压入式或抽出式通风排尘的缺点而发展起来的，兼有压入式和抽出式通风排尘的优点。它由两部局部通风机同时作业，一部抽出式通风，另一部压入式通风，分为前压后抽、前抽后压、长压短抽等三种形式。我国不少煤矿大断面、长距离的巷道，特别是机械化掘进工作面，已积极使用这种有效的通风排尘方式。

（三）净化进风流

供给掘进工作面的风流都应是新鲜风流。进风流中的粉尘浓度一般不超过 0.5 mg/m³。如果进入煤岩巷掘进工作面风流的粉尘浓度本身就超过了 0.5 mg/m³，则很难把作业场所的粉尘浓度降到 2 mg/m³ 或 10 mg/m³ 以下。为此，必须对进风流进行净化。井下常用的风流净化器有 MAD－Ⅰ型风流净化器、MAD－Ⅱ型风流净化器。

这种风流净化器的降尘率为 80%～90%，阻力为 196.13～294.20 Pa，适用于掘进工作面净化进风和抽出式通风降尘，特别是对串联通风的掘进巷道、进风流粉尘浓度较高的运输巷道，采用这种净化器降尘效果尤为明显。

净化器除尘过程是，净化器吊挂平稳并与导风筒对接，供水管连通给水后，经过过滤的清水进入喷雾给水环，喷嘴开始喷雾。此时，含尘风流经导风筒进入净化器，开始先经过断面较小处，风速较大，然后经过断面较大区后，风速降低，颗粒较大的粉尘会自然沉降，未被沉降的粉尘在雾粒作用下或被转动轮叶片切割拦截。在叶片离心力的作用下，尘粒、雾粒及泥浆被甩向器壁，流入孔板集水箱再经 U 型管排入巷道水沟，经叶片切割后的风流仍含有微量粉尘和大量雾粒，随风流继续运动至百叶板被阻拦，在风流惯性力作用下，尘粒、雾粒与板壁碰撞后靠自重沉降。流线型百叶板前后安有喷嘴，可定期喷雾清洗积尘。

MAD 型系列风流净化器适用于一切受粉尘污染的进风流局部通风机通风作业场所，对于抽出式通风、抽压混合式通风或串联通风也是一种轻便、除尘效果显著的除尘器，可与各种干式抽出风机配套使用。

第三节　机掘工作面防尘

机械化掘进工作面采用大功率掘进机强力截割煤岩，产尘量特别大，所以机掘防尘是矿井综合防尘工作中极为关键重要的一环。主要防尘措施是抓住机掘工作面产尘的主要工序，即截割头强力截割煤（岩）、煤（岩）下落或顶板局部垮落、装运或运载煤（岩）、机器运搬和清帮支护，以及通风造成的粉尘飞扬等方面。针对这些产尘环节，机掘工作面应采取如下综合防尘措施进行治理。

一、确定最佳截割参数，减少产尘量

掘进机截割头强力截割煤岩时产生的粉尘，是机掘工作面的主要尘源。截割参数是否合理，对产尘量有很大影响，确定最佳截割参数的内容包括合理的截齿类型、截齿锐度、截齿布置方式、截割速度、截割深度和截割角等。

利用高压细射流截割煤岩，可彻底解决机械化采掘的粉尘问题。我国近年来研究试验的摆振射流掘进机，就是利用高压水通过出水口径仅为几毫米的高压喷嘴喷射超高压细射流，并操作喷杆不断反复摆动，截割出煤槽实现落煤。摆振射流落煤的粉尘浓度仅为 8 mg/m^3 左右，低于炮掘或机掘的产尘量。目前因采用的压力水还未达到理想压力，因此适用范围有限，只能在煤的硬度系数小于 2 的煤层中使用，但采落的煤，其含水量较高，需要继续完善和提高此工艺。

二、喷雾洒水降尘

喷雾洒水降尘，是机掘工作面主要防尘措施之一。它不仅可以减少粉尘在作业场所的飞扬，而且能起预先湿润煤岩块的作用，减少装载产尘，同时也能消除截割时产生摩擦火花。掘进机工作时的喷雾洒水有两种方式，即内喷雾、外喷雾。当前，我国煤矿使用的各种型号掘进机的内喷雾一般利用得不好，有的掘进机尚无内喷雾系统，因此机掘工作面的喷雾洒水降尘，目前主要靠掘进机的外喷雾发挥作用。

实践证明，掘进机外喷雾的降尘效果，很大程度上取决于在掘进机的截割头周围是否能形成均匀的喷雾水幕，以阻止粉尘向截割头周围以外的空间扩散。为了达到这个目的，在截割臂上安装圆环形外喷雾架将 5 个实心圆锥喷嘴以一定的倾角安装在外喷雾架上，喷雾时喷向截割头周围，形成包络截割头阻止粉尘扩散的水幕网。

喷雾参数，水压一般为 1.5～3.0 MPa、耗水量为 20～40 L/t、雾流速度为 80～100 m/s、雾粒直径为 40～50 μm（最大不超过 100～150 μm）时，可获得最佳的降尘效果。根据国内外实践证明，外喷雾的降尘率能达到 50%～70%。

掘进机外喷雾降尘喷嘴的布置方式和外喷雾降尘系统示意如图 8－12 所示。

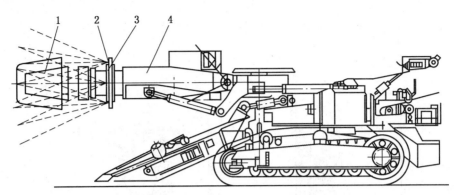

1—截割头；2—朝外喷雾喷嘴；3—圆环形外喷雾架；4—悬臂

图 8-12 掘进机外喷雾降尘喷嘴布置示意图

三、采用配套除尘设备除尘

采用内外喷雾的方法虽然能减少掘进机截割时产生的粉尘，但余下的粉尘浓度距国家卫生标准的要求仍相差很大，因此还需要采用与掘进机配套的除尘设备，对作业场所的含尘空气进行进一步净化处理。

目前主要应用的除尘设备有 KCS 系列除尘器和综掘机机载水力负压除尘器等。KCS 系列除尘器安装示意如图 8-13 所示。

综掘机机载水力负压除尘器使用高压水作动力，在降尘装置的一端设一个或数个高压喷嘴，高压水通过喷嘴形成的高压水雾从降尘装置的一端喷向另一端时，所产生的负压将含尘气流吸入装置内；吸入的含尘气流中的粉尘被高压水雾捕获，并在装置内实现与气流的分离；含尘污水从下部排出，净化后的气流从降尘装置的另一端喷出。其动力源是利用掘进机富余的动力，即通过掘进机液压马达驱动水力负压降尘装置，直接把静压水转化为高压水供喷雾器喷雾。另外，液压马达还可以直接驱动抽尘风机高速旋转，二者均产生抽吸负压。液压除尘器结构如图 8-14 所示。

四、采用附壁风筒阻止粉尘大范围扩散

机械化掘进工作面采用长压短抽通风除尘系统时，为使在工作面不产生循环风和降温，一般应使压入的风量比除尘器吸入风量大 20%~30%，多余的不能被除尘器吸入进行净化处理的风量，会以较大的速度带着掘进机作业时产生的粉尘在巷道较大范围内扩散，会影响喷雾降尘和抽尘净化的效果，不利于工作面粉尘浓度的降低。因此，可以使用有效控制工作面粉尘扩散和提高收尘效率的附壁风筒。

根据使用地点生产技术条件的差异，如巷道断面大小、供风量大小、机械化掘进工作面使用的机械设备型号等，可以应用不同结构形式的附壁风筒，最常用的有以下两种。

1. 沿巷道螺旋式出风的铁质附壁风筒

沿巷道螺旋式出风的铁质附壁风筒如图 8-15 所示。

风筒每节长 2 m，直径为 600 mm。原理是把附壁风筒断面做成：在 1/3 的圆周范围内半径逐渐增大的螺旋线状，并在 1/3 的圆周里面焊上钻有许多直径为 5 mm 小孔的配件，使附壁风筒全长形成一条狭缝状喷口。

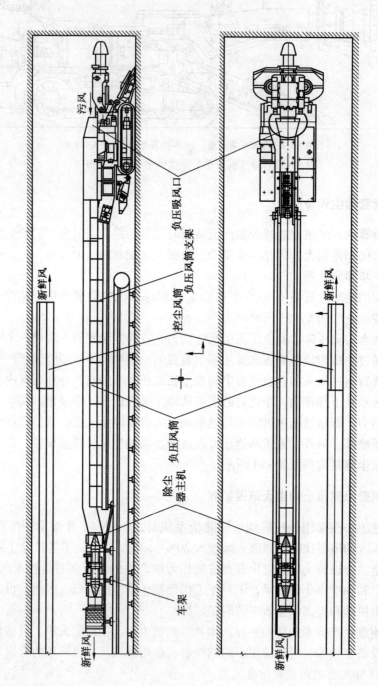

图 8 - 13　KCS 系列除尘器安装示意图

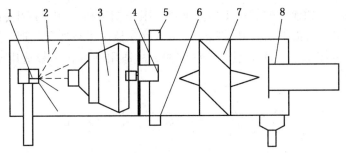

1—喷雾器；2—壳体；3—风机叶片；4—马达；5—马达进油口；
6—马达回油口；7—旋风导流体；8—脱水器

图 8 - 14 除尘器整体结构示意图

在长压短抽的通风除尘系统中，将附壁风筒串接接入压入式风筒的出风口，当除尘器工作时，关闭附壁风筒端部的排风口，风流即从狭缝状的喷口以 15～30 m/s 的速度喷出。将压入式风筒供给机械化掘进工作面的轴向风流改变为沿巷道壁的旋转风流吹向巷道的周壁及整个巷道断面内，使风流在整个巷道中的风速变化不大，产生的流体涡旋及剪切较小。故风流能沿整个巷道以一定的速度向工作面推进，并在掘进机司机的前方建立阻挡粉尘由工作面向外扩散的空气屏幕，封锁掘进机工作时产生的粉尘，使粉尘被喷雾充分湿润沉降和被吸尘罩吸入除尘器中进行净化处理，从而实现了较大幅度提高机掘工作面收尘率的目的。

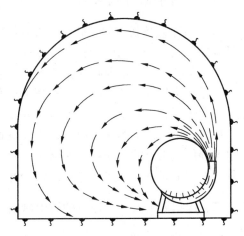

图 8 - 15 螺旋式出风的铁质附壁风筒结构示意图

这种结构形式的附壁风筒的不足之处是体积和质量均较大，移动不便，因此适用于巷道断面面积大于 12 m² ，并且有机械移动设备的掘进工作面。

2. 沿风筒径向出风的胶皮附壁风筒

如图 8 - 16 所示，沿风筒径向出风的胶皮附壁风筒，每节长 2 m，直径为 600 mm。这种附壁风筒是将出口收小，只能让压入风量的 20%～30% 直接沿轴向送入机械化掘进工作面，而压入风量的 70%～80% 则通过附壁风筒径向壁上开的多个小孔送入整个巷道，并扩散到

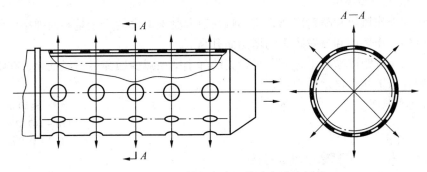

图 8 - 16 沿风筒径向出风的胶皮附壁风筒

全断面，同样以一定的速度向掘进工作面推进，阻止掘进机工作时产生的粉尘向外扩散，促使粉尘能被喷雾充分湿润沉降和被吸尘罩吸入除尘器中进行净化处理。这种结构形式的附壁风筒的特点是体积小、质量轻、移动方便，故适用性强，一般适用于断面面积小于 12 m² 的机掘巷道。

第四节　锚喷支护防尘

针对锚喷支护作业存在的不同尘源和我国目前锚喷支护防尘技术发展的实际情况，一般可采用下列有效措施。

一、打锚杆眼的防尘措施

（1）打垂直顶板或倾角较大的锚杆眼时，宜采用 MZ 系列和 MYT – 120C 型湿式液压锚杆眼钻机及 MQT 系列气动锚杆钻机或 YSP45 型向上式湿式凿岩机。

无论采用干喷法或湿喷法锚喷支护巷道，均有打锚杆眼这道作业工序，打锚杆眼防尘的重点是解决打垂直顶板锚杆眼和倾角较大锚杆眼的产尘问题。

（2）其他防尘措施。如采用风动凿岩机干式打锚杆眼时，应配上孔口或孔底捕尘装置；如采用中心供水的风钻湿式打锚杆眼时，应带有漏斗式冲孔水回收装置，以免冲孔尘泥水淋湿作业人员的衣服和不便操作；如采用电钻打锚杆眼时，应一律采用湿式煤电钻，特别宜使用侧式供水湿式煤电钻，以达到更好的防尘效果。

二、喷射混凝土支护作业的防尘措施

1. 改干喷为潮喷

潮喷不仅比干喷能显著降低喷射机作业时喷头处的粉尘浓度，而且喷射材料的卸料、拌和、过筛和上料等各主要工序地点的粉尘浓度均会明显下降，其降尘率一般均能达到 75% 以上。

改干喷为潮喷，就是在进行混凝土喷射前，对喷射材料进行适当预湿。其具体做法是，拌料前，在地面或井下矿车内将砂子、石骨料用水浇透，使其含水率保持为 7% ~ 8%，然后按水泥配比（水泥：石子：砂子 = 1：2：2）拌和，即构成潮料。拌和好的潮料要求手捏成团、松开即散、嘴吹无灰。这样的潮料黏性小，附壁现象少。喷射时需在喷头处再添加少量的水，使混合料充分湿润喷出。

2. 低风压近距离喷射

喷射机的工作风压和喷射距离直接影响喷射混凝土工序的产尘量和回弹率，作业场所的粉尘浓度随工作风压和喷射距离的增加而升高。

为使低风压近距离喷射工艺能获得较高的降尘率和减少回弹量，经试验，在实际操作时，应控制好以下几个技术参数：

输料管长度	≤50 m
工作风压	118 ~ 147 kPa
喷射距离	0.4 ~ 0.8 m

3. 采用混凝土喷射机除尘器进行除尘

根据锚喷工作面粉尘飞扬的特点，将除尘器吸尘罩直接安设在喷浆机上料口或安设在喷浆附近处，能够较好地吸入喷浆机上料口及喷浆周围产生的粉尘。目前主要应用的除尘设备有 MLC 系列和风水引射除尘器等（图 8－17 和图 8－18）。

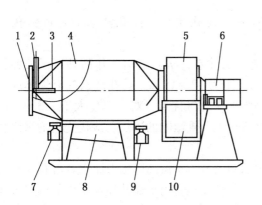

1—含尘气体入口；2—喷雾水路；3—喷嘴；4—过滤装置；5—风机；6—电机；7—进水阀；8—泥浆槽；9—排污阀；10—净化气体出口

图 8－17　MLC 系列混凝土喷射机除尘器示意图

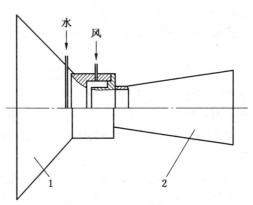

1—吸尘罩；2—风水引射器

图 8－18　风水引射除尘器示意图

三、净化水幕、捕尘帘除尘

为了净化掘进巷道的含尘风流，可设置 2 道净化水幕覆盖全断面，第一道水幕安设在耙装机后，距迎头不大于 50 m，并与爆破喷雾联动；第二道水幕在开门点以内 100 m 安设，为自动水幕，并与捕尘帘配合使用。

当掘进距离小于 50 m 时，第二道水幕可安设在开门点回风侧 100 m 以内。

捕尘帘采用网格尺寸不大于 3 mm×3 mm 的纱网，使用框架结构，为满足巷道变化的要求，加工可以伸缩的捕尘帘框架。同时定期清理、冲洗捕尘网。

水幕的水压控制在 2.0 MPa 以上，在内径为 19.05～25.4 mm 的供水管上，布置 9～10 个喷嘴，保持 0.8～1 t/h 的耗水量，一般都能达到 85% 左右的除尘效果。影响水幕除尘率的重要因素之一是风流速度，除尘率随风流速度的降低而增大。

四、个体防尘

个体防尘是锚喷支护综合防尘的辅助措施，对井下的其他产尘作业也是如此。当采取某些基本的综合防尘措施后，仍未使作业场所的粉尘浓度达到国家卫生标准时，作业人员必须佩戴个体防尘用具。

第五节　采煤工作面防尘

采煤工作面防尘可采取如下措施。

一、煤层注水防尘

1. 煤层注水防尘原理

煤层注水防尘是通过钻孔并利用水的压力将水注入即将回采的煤层中，增加煤层的水分，使煤体得到预先湿润，降低煤体产生浮游煤尘的能力。

2. 煤层注水方式

常用的煤层注水有 4 种方式，即长孔注水、短孔注水、深孔注水、巷道钻孔注水。

（1）长孔注水：钻孔地点在工作面回风巷、运输巷，实施超前工作面动压区长钻孔双巷静压注水，钻孔长度一般大于 60 m，钻孔间距为 10 ~ 15 m。长孔注水具有煤体湿润均匀、湿润范围大、对生产干扰小、能适应高强度采煤等优点。对于厚度大于 1.3 m、没有或只有较小走向断层、倾角稳定、顶底板吸水后无严重影响的煤层，应优先考虑采用长孔注水。

（2）短孔注水：钻孔地点在工作面，钻孔长度小于 6 m，进行压力注水。短孔注水对地质条件及围岩性质适应性强，煤层厚度小于 1.3 m 及不适用于长孔注水条件的煤层可考虑采用。

（3）深孔注水：钻孔地点在工作面，钻孔长度为 6 ~ 20 m。深孔注水不仅具有短孔注水所具有的优点，而且钻孔数量较少，湿润范围较大，但注水压力较高。

（4）巷道钻孔注水：钻孔地点在上部煤层巷道或底板巷道。巷道钻孔注水具有钻孔数量少、对生产干扰小的优点，但要打岩石钻孔，费用高。

3. 煤层注水工序

煤层注水主要工序如下：

（1）按设计的煤层注水方式钻注水孔。

（2）封孔：可采用水泥砂浆封孔或封孔器封孔。

（3）注水：可采用静压注水或动压注水。

二、采空区灌水防尘

采空区灌水预先湿润煤体防尘措施，一般用于下行陷落法分层开采厚煤层过程中。将水灌入上一分层的采空区，水在自重及煤体孔隙的毛细管力的作用下，缓慢渗入下一分层的煤体中，使煤体得到湿润，减少下分层开采时浮游粉尘的产生量。

另外，在开采近距离煤层时，在上部煤层的采空区内灌水，只要中间没有隔水层，也能使下部煤层得到湿润，收到较好的防尘效果。

采空区灌水的防尘效果普遍较好，降尘率可达 75% ~ 90%。在灌水过程中，如果管理不善，会造成漏水或跑水，应注意巡视和妥善管理。

三、机采工作面防尘

机采工作面有两大尘源：一是采煤机割煤工序，是主要尘源；二是回柱放顶工序。为了减少粉尘产生量，降低粉尘浓度，除了要采取煤层注水或采空区灌水措施外，还必须对尘源采取喷雾措施，并且选用合理的通风方式与最佳的排尘风速。

1. 机组喷雾

机组喷雾系统分为内喷雾和外喷雾两种喷雾方式。内喷雾的喷嘴安在滚筒上，外喷雾的喷嘴安在截割部箱体、摇臂及挡煤板上（图 8 - 19 和图 8 - 20）。

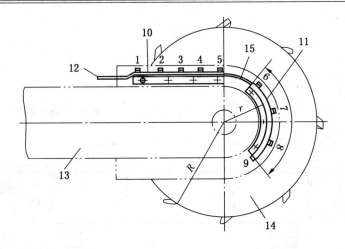

1~9—喷头；10—金属空腔Ⅰ；11—金属空腔Ⅱ；12—进水
高压胶管；13—摇臂；14—滚筒；15—连接管

图8-19 采煤机径向雾屏示意图

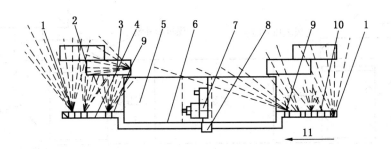

1—多孔引射喷头；2—滚筒；3—摇臂；4—下风流分流臂；5—采煤机；6—高压软管；
7—机载高压泵；8—液压阀组；9—单孔喷嘴；10—上风流分流臂；11—风流方向

图8-20 采煤机机载高压荷电喷雾系统

机组喷雾用水，可以利用从地面送至井下的静压水，也可以采用井下喷雾泵站供水。

2. 采煤机负压二次降尘

如图8-21所示在采煤机两端各装一个除尘器，各负责一个滚筒的降尘工作，两者同用一条管路系统供水。每个除尘器采用4根长200 mm、内径为100 mm的钢管作为喷管，内用口径为1.5 mm的耐磨喷嘴。该项降尘技术在煤矿采煤工作面得到了推广。

机组采取喷雾降尘措施后，工作面粉尘浓度大幅度降低，降尘率可达80%~86%，改善了采煤工作面的作业环境。

3. 通风排尘

（1）最佳排尘风速：采用最佳排尘风速是降低采煤工作面粉尘浓度的一项有效措施。国内一些矿井测得最佳排尘风速是1.5 m/s，采取防尘措施后，最佳排尘风速将有所增加。一般情况下，采用防尘措施后的最佳排尘风速为2~2.5 m/s。

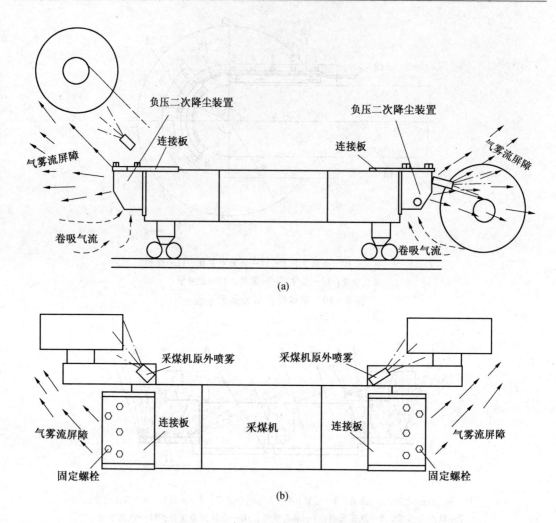

(a)

(b)

图8-21　负压二次降尘装置安装示意图

（2）下行通风防尘：采煤工作面的转载点及破煤机处产生的粉尘增大了进风流中的含尘量，增加了工作面的粉尘浓度。解决上述粉尘问题最有效的措施之一是顺运煤方向通风，即下行通风。采用下行通风，有时可使工作面的降尘率达90%。

4. 回柱喷雾降尘

机采工作面多采用单体液压支柱及铰接梁支护顶板。当回柱时，由于顶板破碎和垮落而阵发性地产生大量粉尘，顶板岩层中往往含有大量的游离二氧化硅，粉尘更加有害。对于这种阵发性的尘源，常采用喷雾的方法进行降尘，即在回柱前，先向待回柱的顶板处喷雾进行预湿，回柱时，再顺风流方向向顶板尘源处喷雾。

5. 自移式液压支架移架时自动喷雾降尘

综采工作面自移式液压支架在降柱和前移过程中会产生大量粉尘，采用随支架动作而自动控制的喷雾是最理想的降尘方法。

（1）自动喷雾装置及工作原理。液压支架自动喷雾主要靠联动阀来实现。联动阀外形如图8-22所示。

阀座上有 4 个孔，其中 2 个孔为喷雾的进水孔和出水孔，另外 2 个孔为与支架降柱和升柱相连接的通液孔。阀座与支架相应部位相连接。联动阀的工作原理是：液压支架降柱时，降柱液路中分出一股乳化液进入联动阀阀座的降柱液孔后通向第一单向阀，推动阀芯前移，沟通单向阀液路；此液路又通向第二液路，打开第二单向阀，乳化液通过并推动活塞前进，顶开水路单向阀阀芯，接通喷雾水，支架各喷嘴开始喷雾。支架转入移架时，喷雾继续。当支架升柱时，升柱液路中分出一股乳化液，进入联动阀座的升柱液孔后通向第一单向阀，打开阀芯，将密封在阀座液路中的压力卸除。此时，第二单向阀在水压和弹簧力的作用下阀芯复位，封住水路，支架的喷嘴停止喷雾。

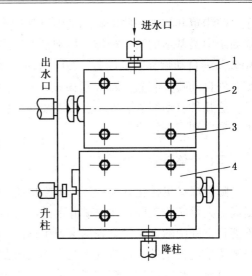

1—阀座；2—第二单向阀；3—螺钉；4—第一单向阀

图 8 - 22　联动阀外形图

（2）自动喷雾供水系统。液压支架自动喷雾供水系统如图 8 - 23 所示。

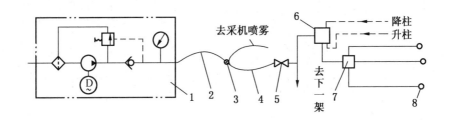

1—喷雾泵站；2—φ32 胶管；3—三通；4—φ25 胶管；5—总阀门；6—联动阀；7—五通；8—喷嘴

图 8 - 23　液压支架自动喷雾供水系统示意图

对于已投入使用而又未安设自动喷雾装置的自移式液压支架，可先在控顶区内每隔 6～10 架支架安装 2 个伞形喷嘴，降架打开阀门喷雾（阀门可安在上风流侧），使雾流形成水幕，以捕集降、移架时产生的粉尘。

安装有自动喷雾系统的自移式液压支架，在降架和移架的过程中，通过喷雾、移架，工人操作地点的粉尘浓度可降低 80% 以上。

第六节　转载运输系统防尘及个体防尘

一、转载运输系统防尘

在井下煤岩的转载、运输等过程中，会产生大量粉尘。转载运输系统的防尘是矿井综合防尘的重要内容。

在矿井的转载运输系统中，采取的主要防尘措施有：喷雾洒水、除尘器净化、泡沫除尘、防尘罩和其他一些措施。其中以各种形式的喷雾洒水使用最为广泛，它是矿井转载运输系统中最基本的防尘措施。特别是近年来已逐步推广应用的多种自动喷雾降尘装置，如MPZ 系列自动喷雾防尘设备、PJD－7 系列自动喷雾装置、HW91 型自动洒水装置、KCH1型红外自动喷雾装置，ZPC 型微振动自动喷雾装置，以及 ZKQ2－40 型自动洒水控制器等，这几种自动喷雾装置具有按需喷雾、控制先进、适用范围广和降尘效果好等优点，应大力推广和完善提高。

二、个体防尘

随着煤矿机械化开采程度的不断提高，高强度采掘逐年大幅度增长，产尘强度也相应提高。大量实践表明，在煤矿井下的不少作业场所，虽然采用了多种综合防尘措施，但仍不能将空气中的含尘量降到国家卫生标准。在这种情况下，特别是在强产尘源和个别不宜安装防尘设备条件下作业的人员，必须佩戴个体防尘用具。

目前，我国可用于煤矿的个体防尘用具主要有自吸过滤式、动力送风过滤式和隔离式三种形式的口罩及防尘服。

第九章 防尘设施与隔爆设施

第一节 喷 雾 器

喷雾器是把水雾化成微细水滴的一种设备。喷雾器的性能可用喷雾体结构、雾粒分散度、雾粒密度、耗水量等指标来表示。压力水从喷雾器中喷出后，雾粒开始以很大的速度作直线运动，水滴具有较大的动能，捕尘效果较好，而后，因动能减小和重力作用，水滴作抛物线运动，捕尘作用减弱。

一、喷雾捕尘

1. 水的捕尘作用

喷雾捕尘就是把水雾化成微细水滴并喷射到空气中，使其与尘粒碰撞接触，尘粒被水雾捕捉，并附于水滴上，被湿润的尘粒可以互相凝聚成大颗粒，从而加快其沉降速度。

2. 喷雾捕尘的原理

喷雾捕尘的原理是利用浮游于空气中粉尘的惯性作用或凝聚作用而捕尘或降尘。例如直径为 D 的水滴以一定的速度进入含尘空气，并占据一定的空间，含尘风流通过水雾滴时，风流围绕水滴流动。但是尘粒比重较大，因惯性作用而保持其运动方向，因而与水滴碰撞并黏附于水滴上，被水滴所捕获，起到降尘作用。

3. 水雾滴的捕尘效果

气体中含有水分，当温度降低到露点时，在尘粒表面能形成凝结水增加了尘粒的直径和湿润性，有利于被水滴捕捉和互相凝集成大颗粒而沉降下来。

雾粒大小对降尘效果起到决定性作用，雾粒过大，影响喷雾密度，水滴过小，则容易汽化。根据试验，用 0.5 mm 的水滴喷洒粒度为 10 μm 以上的粉尘时，捕尘效率为 60%；喷洒 5 μm 的粉尘时，捕尘效率为 23%；喷洒 1 μm 的粉尘时，捕尘效率只有 1%。当将水滴直径减为 0.1 mm，喷雾速度提高到 30 m/s 时，对 2 μm 粉尘捕捉效率可提高到 55%，对 1 μm 尘粒，粉尘捕捉效率可提高到 28%。一般情况下，对于不同粒度的粉尘，捕获它的最优水滴也不同，尘粒越小，要求水滴直径也越小。10~50 μm 的雾粒捕获浮尘效果最好。

尘粒与水滴的相对速度越大，捕尘效率越高，能够捕获的尘粒的临界直径也越小。提高水滴喷射速度，则水滴动能大，与尘粒碰撞时，有利于克服水的表面张力而将尘粒湿润捕捉。

捕尘效率还与含尘风流的速度有关，风速越低，与喷射水滴的接触时间越长，互相接触碰撞的机会就多。因而，风速小，捕尘效率高；风速大，捕尘效率低。

二、喷嘴

（1）喷嘴类型。喷嘴是喷雾器的简称。按雾化物质和动作原理分为三大类：

第一类：以水为雾化物质，按机械动作原理设计的喷嘴，即单水喷嘴，国外称为标准喷雾器。

第二类：以水和压气为雾化物质，以压气雾化液体的原理设计的喷嘴，亦称为压气雾化喷嘴，或气水喷雾器，或风水喷雾器。

第三类：以水为雾化物质，按文丘里原理设计的水空气引射器，借助于引射外壳的作用，喷嘴在喷雾的同时引进和排出大量空气，并使雾流进一步雾化。

喷嘴按喷出的雾流形状分为 4 种类型，即雾流呈锥面实心的锥形喷嘴，雾流呈锥面空心的伞形喷嘴，雾流呈平面扇形的扇形喷嘴，射流呈束状的束形喷嘴。喷嘴按喷口数量分为单孔喷嘴及多孔喷嘴，适用于 10000~15000 kPa 的喷嘴称为高压喷嘴。

（2）喷嘴的结构。按雾流形状分类的 4 种常用喷嘴类型及多孔喷嘴的结构如图 9-1 所示。

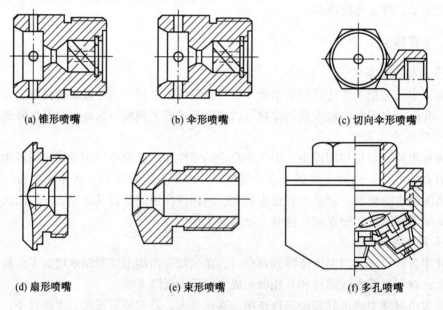

(a) 锥形喷嘴　　　　　(b) 伞形喷嘴　　　　　(c) 切向伞形喷嘴

(d) 扇形喷嘴　　　　　(e) 束形喷嘴　　　　　(f) 多孔喷嘴

图 9-1　喷嘴结构示意图

（3）各种类型喷嘴的适用地点。各种类型的喷嘴有各自的使用范围和条件，应根据尘源情况、喷雾环境和条件等因素选用合适的喷嘴类型及喷口尺寸的喷嘴，其适用地点见表 9-1。

表 9-1　各种类型喷嘴的适用地点

喷嘴类型	适用地点
锥形喷嘴	1. 采煤机内喷雾 2. 采煤机外喷雾 3. 掘进机喷雾

表 9 - 1（续）

喷嘴类型	适　用　地　点
锥形喷嘴	4. 爆破喷雾 5. 风水净化水幕 6. 液压支架的喷雾
伞形喷嘴	1. 采煤机内喷雾 2. 采煤机外喷雾距尘源较近的地点 3. 风流净化水幕 4. 输送机及转载点喷雾 5. 装岩机喷雾
扇形喷嘴	1. 采煤机内喷雾 2. 采煤机外喷雾
束形喷嘴	采煤机内喷雾
多孔喷嘴	1. 翻罐笼、装车点等瞬时产尘量大的尘源地点 2. 爆破喷雾 3. 风流净化水幕
高压喷嘴	主要用于巷道掘进的爆破喷雾
压气喷嘴	主要用于巷道掘进的爆破喷雾

第二节　水质过滤器

供水管路内的防尘用水难免含有少量泥砂或杂物，为避免堵塞喷嘴，应在管路上，特别是机采机掘工作面的支管道上安装水质过滤器。

一、MPD - 1 型管道水质过滤器

1. 工作原理

管道水质过滤器的工作原理：流经过滤器的防尘用水，通过其内部设置的过滤网时，过滤网对管路内的水流进行过滤，水中的杂质被过滤网隔离过滤，经过滤不含杂质的水通过，实现水质过滤的目的。

2. 结构

目前已定型的水质过滤器结构如图 9 - 2 所示，由壳体、筛网筒及堵头组成。壳体为铸铁或铸钢件；筛网筒由铜质骨架、铜丝或不锈钢丝、尼龙丝制成；堵头为黄铜件。其规格尺寸见表 9 - 2。

3. 使用与维护

（1）水质过滤器在使用的过程中，应定期对过滤网进行清理，以防过滤器堵塞。对于损坏的过滤网应及时更换，保证水质质量，避免喷雾嘴堵塞。

（2）为防止过滤器锈蚀，应在其表面涂漆。

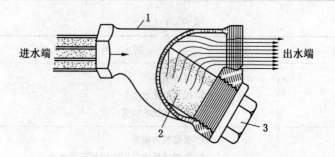

1—壳体；2—筛网筒；3—堵头

图9-2　MPD-1型管道水质过滤器

表9-2　水质过滤器（管道滤流器）的规格尺寸与网眼直径

规格/in	内径/mm	尺寸与筛网孔径			筛网孔径/目
		尺寸/mm			
		A	B	C	
1/2	15	105	70	45	80 ~ 120
3/4	20	125	75	55	60 ~ 100
1	25	145	95	62	60 ~ 80
2	50	185	120	100	60 ~ 80
3	75				30 ~ 50
4	100	350	175	215	20 ~ 40
6	150	403	210	250	10 ~ 24

二、ZCL 反冲洗式水质过滤器

1. 组成及作用

ZCL 反冲洗式水质过滤器由高压闸阀、压力表与过滤体组合而成。各部件采用煤矿通用钢管卡兰连接，安装、维护简便。这种过滤器应用于煤矿井下采掘工作面和主要运输巷的运输及转载等系统的防尘供水管路系统中。它能够除掉水中的泥砂及悬浮物，保证水质符合煤矿井下防尘用水的要求。其结构如图9-3所示。

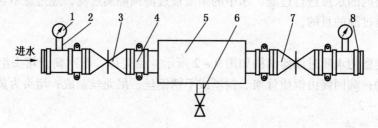

1—压力表；2—压力表座；3—进水闸阀；4—钢管卡兰；5—过滤器；
6—排放闸阀；7—出水闸阀；8—钢管接头

图9-3　ZCL 反冲洗式水质过滤器

2. 性能参数

滤尘效率	90% ~ 98%
设计承受压力	< 10 MPa
工作方式	长期连续工作
适用环境温度	> 0 ℃

3. 工作原理

反冲洗式水质过滤器直接安装在井下防尘供水管路中，防尘用水经高压闸阀进入过滤器。过滤器由无缝钢管筒体、不锈钢筛网及堵板等组成。水流中所含的泥砂、悬浮物等杂物，被不锈钢筛网阻留在进水腔内和筛网表面。当累积到一定数量时，其进水端与出水端压力表指示数字不一致，说明水流被阻碍，影响防尘供水，应及时关闭进水与出水闸阀，打开冲洗筛网管路的闸阀，对筛网进行自冲洗，并打开排放口闸阀放出杂物，保证防尘供水管路的畅通。

4. 安装使用注意事项

(1) 使用前应详细阅读使用说明书，对照说明书注意事项，检查整体是否完好，并对配用的闸阀和压力表按井下防尘供水管路的压力进行校正，符合要求方可安装。安装时注意反冲洗式水质过滤器的进水与出水方向，切勿倒置。

(2) 打开进水闸阀与出水闸阀后，注意观察压力表指示数字，两端压力是否一致。然后，关闭进水与出水闸阀，打开筛网闸阀和排放闸阀，观察水流是否畅通。

(3) 压力表应按规定期限及时校验。

5. 运输、贮存

(1) 运输：在运输过程中，应注意不得碰撞、损坏。

(2) 贮存及启用：按仓储管理的规定，放于通风、干燥、无腐蚀性气体的场所。启用前应进行检查是否符合使用说明书的要求。

第三节　JP - 2 型降尘喷雾器

JP - 2 型降尘喷雾器适用于各类煤矿井下巷道、爆破现场及有尘作业场所的降尘防尘，也适用于地面处于粉尘、高温及需增加湿度的场地或车间。该喷雾器是净化采掘工作面及巷道空气、改善井下劳动卫生条件、防止硅肺病发生的降尘设备。

一、性能特点

(1) 适用于各种不同的粉尘作业场所，在井下使用安全，防爆，具有良好的净化巷道空气的功能，特别是能很快消除爆破后的烟尘。

(2) 工作稳定可靠、成雾性能好、射程远、密度大、雾珠细、覆盖面大、喷孔不易堵塞。

(3) 用水量少，不致造成积水，可使空气温度降低 2 ~ 3 ℃。

(4) 安装、操作、维修都很方便，便于拆卸和转移。在条件较差的巷道内降尘灭尘尤为适用。

(5) 体积小、质量轻、功效大；坚固耐用，不易损坏；使用寿命可达 3 ~ 5 年。

二、技术参数

降尘率	90% 以上
直线喷射距离	10 m 以上
圆弧喷射距离	5 m 以上
水压	不小于 2×10^5 Pa 以上
气压	不小于 3×10^5 Pa 以上
耗水量	8 ~ 15 L/min
耗气量	0.48 m³/min
质量	≤3.5 kg
外形尺寸（长×宽×高）	250 mm × 90 mm × 130 mm

三、安装和使用

（1）井下施行爆破作业的工作面，一般可安设 3 ~ 4 台喷雾器，每台间隔 15 m 左右。在距爆破作业面 20 m 处开始安设，安装布置如图 9 - 4 所示。爆破后开阀喷雾，可在爆破区巷道空间形成浓雾，烟尘随通风向前推进，通过喷雾区使粉尘随雾降落。

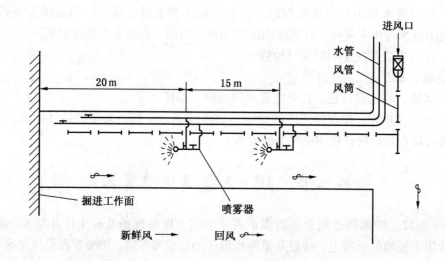

图 9 - 4　JP - 2 型降尘喷雾器安装布置示意图

（2）在运输大巷、采掘工作面的进回风巷、掘进工作面的回风巷和进风口等，每间隔 30 m 左右安设一台，顺风喷雾，雾珠能在巷道上空随风飘扬 100 多米，吸收巷道内的一氧化氮及一氧化碳等有害气体，净化巷道空气，降低温度，保障矿区安全。

（3）爆破后开阀喷雾 7 ~ 10 min，90% 以上的烟尘即可降落。

（4）使用时先开气阀，再开水阀，由小到大调节喷雾。停止喷雾时先关水阀，再关气阀。

（5）气压应超过水压，水压过高时应加减压阀。

第四节　水射流除尘风机

一、水射流除尘风机的用途

PSCF 系列水射流除尘风机可用于矿山和所有产生工业粉尘的场所，作通风除尘使用。特别是能满足高瓦斯及有瓦斯、煤尘突出矿井的通风除尘要求。在矿山的煤（岩）机械化掘进巷道、炮掘巷道、锚喷巷道、采煤工作面的隅角处（排放瓦斯），都能发挥其独特的作用。

二、性能及原理

PSCF 系列水射流除尘风机摒弃了传统的机械式电动轴流抽风机产生风量、水幕降尘的方法，而是以压力水为动力，以高压水射流喷射形成负压，产生风量并有效地捕捉粉尘，净化空气。这种设备具有结构简单、安全可靠、除尘率高、质量轻的特点，主要由引射装置（风机）、导风筒和泵站（供水系统）组成。泵站和引射装置、导风筒，通过供（回）水管道形成闭路循环用水系统。其主要技术参数见表 9 - 3。

表 9 - 3　PSCF 系列水射流除尘风机主要技术参数

处理风量/($m^3 \cdot s^{-1}$)	3.0 ~ 4.75	泵电机功率/kW	7.5
全风压/Pa	200 ~ 480	玻璃钢风筒表面电阻/Ω	$< 3 \times 10^3$
除尘率/%	99	玻璃钢风筒阻燃氧化指数	> 27
耗水量/($L \cdot min^{-1}$)	7	风机质量/kg	20
水压/MPa	1.5 ~ 3.5	泵站质量/kg	450
泵流量/($L \cdot min^{-1}$)	100	系统质量/kg	800

三、使用方法

井下各种工作面的使用方法如下：

（1）爆破掘进的巷道：按长压短轴通风方式装配除尘风机。在距迎头 5 m 处将可拆移的单轨吊挂装置安于巷道支架的一侧，将风机和导风筒等组装在滑车上。泵站开关放置在距迎头几十米之处。风机随滑车移动，使用方便。

（2）综合机械化掘进的巷道：采用长压短轴通风方式，将除尘风机与导风筒一起通过可调支撑固定架安装在掘进机组桥式转载带式输送机的上架上，泵站随掘进机同步移动，其电源线接入掘进机操纵控制箱内，与截割头动力源实行联锁控制，系统组装好后，风机随掘进机进行工作。

（3）采区放煤地点：将风机和导风筒等组装好后悬吊于固定支架上，风机供水管通过煤流自动控制阀串接到巷道的水管路中，以控制风机的工作。

四、维护与保养

（1）除尘风机：要求确保风机、导风筒组合严密，不漏风、水，要直线畅通。长期使用后若发现喷射质量下降，除尘效果不佳时，必须更新喷射装置。

（2）泵站：柱塞泵齿轮箱注油量最低不得低于油标。每班前要检查泵的各个运动件及连接件是否有松动、晃动等不正常现象，单向阀、自动卸载阀的动作是否灵活、可靠等；要经常向三柱塞上加少量油，以延长密封寿命。班前冲洗水箱，并注意检查二道过滤网是否完整，否则要更新。

第五节 锚 喷 除 尘 器

MLC 系列混凝土喷射机除尘器包括 MLC – I 型和 MLC – II 型。它是锚喷支护混凝土喷射机的专用配套除尘设备。

1. 除尘原理

它的除尘原理是以防爆离心风机作动力，将含尘气体经伸缩风筒（风管）吸入除尘器中，在喷雾器的密集水雾作用下使粉尘湿润凝聚。与此同时，在过滤网上形成拦截粉尘的水膜，将粉尘捕集下来，在水雾的不断洗涤作用下，尘泥水浆流入水槽中，经排水阀排出。穿透过滤网的部分水滴和尘泥被波形挡水板拦截下来，净化后的气体排入巷道，从而达到除尘的目的。

2. 应用范围

MLC – I 型混凝土喷射机除尘器主要用于治理混凝土喷射机上料口、余气口和结合板处产生的粉尘，MLC – II 型混凝土喷射机除尘器主要用于治理喷射机喷射混凝土时喷枪及回弹物产生的粉尘。

3. 技术特征

MLC 系列混凝土喷射机除尘器的技术参数见表 9 – 4。

表 9 – 4 MLC – I 型、MLC – II 型混凝土喷射机除尘器的技术参数

技 术 特 征		MLC – I 型	MLC – II 型
处理风量/（m³·min⁻¹）		50~60	70~80
工作阻力/Pa		1000	1000
供水压力/kPa		390	390
巷道供风量/（m³·min⁻¹）		>90	>90
除尘率/%		98	98
配用风机	风机型号	B4 – 72No3.6A	B4 – 72No4A
	电机型号	YB112M – 2	YB132S1 – 2
	电机功率/kW	4	5.5
耗水量/（L·min⁻¹）		12	16
工作噪声/dB（A）		<80	<85
主机外形尺寸（长×宽×高）/（m×m×m）		1.6×0.6×1.4	1.6×0.7×1.4
质量/kg		258	300

4. 工作面布置方式

除尘器在工作面的布置方式如图9-5、图9-6所示。

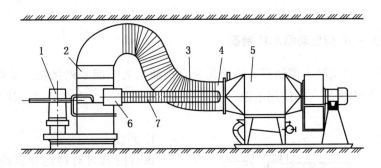

1—混凝土喷射机；2、6—吸尘罩；3、7—伸缩风筒；4—三通管；5—MLC-Ⅰ型锚喷除尘器

图9-5　MLC-Ⅰ型锚喷除尘器除尘系统布置示意图

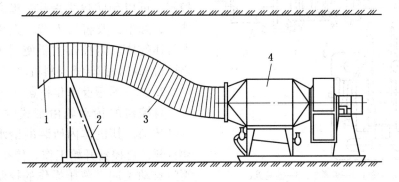

1—吸尘罩；2—吸尘罩支撑架；3—伸缩风筒；4—MLC-Ⅱ型锚喷除尘器

图9-6　MLC-Ⅱ型锚喷除尘器除尘系统布置示意图（一）

根据锚喷工作面粉尘飞扬的特点，MLC-Ⅱ型锚喷除尘器上也可直接装侧吸尘罩（图9-7），可以有效地吸入喷射机上料口及喷枪周围产生的粉尘。另外，当采用两班掘进、一班锚喷的作业方式时，在掘进工作面爆破后也可开动锚喷除尘器，对降低爆破工序产生的粉尘及消除炮烟都有良好的效果。

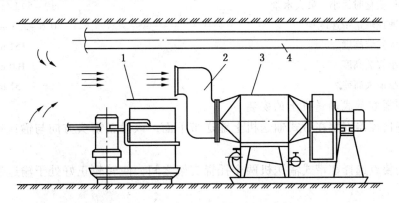

1—混凝土喷射机；2—侧吸尘罩；3—MLC-Ⅱ型锚喷除尘器；4—压入式风筒

图9-7　MLC-Ⅱ型锚喷除尘器除尘系统布置示意图（二）

第六节　机械控制自动喷雾降尘装置

一、ZKQ$_2$-40 型自动喷水控制器

ZKQ$_2$-40 型自动喷水控制器（以下简称自控器）为节能系列化防尘设备。可用于煤矿井下、地面运煤系统，不使用电源，安全可靠，安装方便，维修简便。其结构如图 9-8 所示。

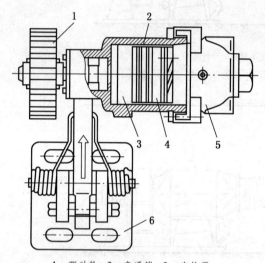

1—驱动轮；2—旁通销；3—齿轮泵；
4—油缸；5—供水阀；6—支撑座

图 9-8　ZKQ$_2$-40 型自动喷水控制器

1. 用途

该自控器可对待运物料的喷雾洒水量进行自动监视调节，可使防尘、降温及待运物料的熄火等措施实现自动化。使用自控器，可以预防煤尘爆炸，提高矿井抗灾能力，降尘，改善工人劳动条件，保障工人身体健康。自控器主要使用于各种带式输送机和各种回转式翻料机。

2. 工作原理及工作特点

自控器的传动轮由带式输送机带动。一旦转动，其机体内所装的给水阀立即自动打开，自控器开始工作。传动轮停转时，阀门自动关闭。液压操作的控制器，不需要专设传动源。控制器阀门打开大小正好与运输设备的负荷情况一致。由于此设备

的安装高低可以调试，所以只有带式输送机"载重"运行时，水才喷到待运物料上。若带式输送机停止运转或"空载"运转，自控器立即切断水源。

3. ZKQ$_2$-40 型自动喷水控制器的技术性能参数

最小、最大水压　　　　　　　　　　　　　　　　　0.2～4 MPa
水压变化时最小、最大水量　　　　　　　　　　　　10～59 L/min
转速或输送带速度　　　　　　　　　　　　　　　　0.6～2.5 m/s
最大安装高度　　　　　　　　　　　　　　　　　　151 mm
最小安装高度　　　　　　　　　　　　　　　　　　100 mm
最小最大高差　　　　　　　　　　　　　　　　　　51 mm

4. 自控器在带式输送机上的安装

（1）将自控器安装在带式输送机上输送带下面，该设备箭头方向与输送带运行方向一致。

（2）安装点选择在带式输送机两个托辊支架之间，使转轮正好处于输送带下垂度最大之处。

（3）安装底板时，要使传动轮位于上输送带（空载状态）下约 4 mm。

（4）安装好底板后，用套筒或梅花扳手扭动调节螺丝，把传动轮运动面调到离"空

载"输送带下约 2 mm 处。

（5）最后利用软管将水源、自控器、喷嘴相连通，喷嘴安装点应根据产尘地点确定，1~3 支喷嘴即可。安装示意如图 9－9、图 9－10 所示。

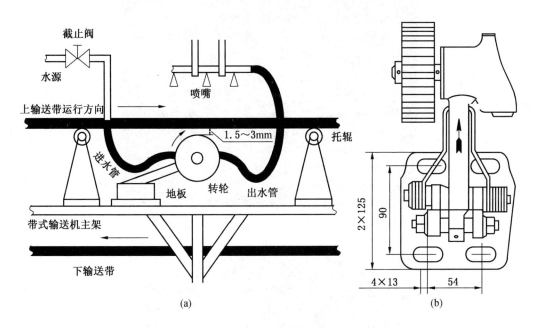

图 9－9　自控器用于带式输送机时的安装示意图

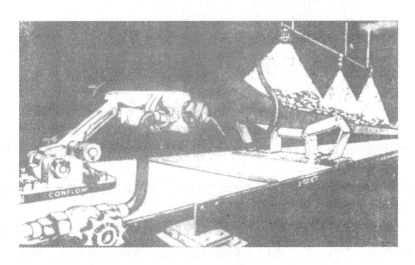

图 9－10　自控器用于带式输送机上的安装示意图

5. 自控器用于翻罐笼机的安装

（1）该设备装于翻罐笼机翻转弧形运动面处，使之与转轮接触；翻罐笼机翻转弧形运动面倾翻时的运转方向与该设备上箭头方向一致。

（2）自控器底板装好后，用扳手扭动调节螺丝，把传动轮运动面与翻罐笼机翻转弧形运动面接触转动。

（3）最后利用软管将水源、自控器、喷嘴相连通。

（4）安装布置如图9－11、图9－12所示。

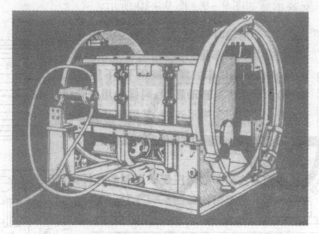

图9－11　自控器用于翻罐笼机时的安装示意图

图9－12　自控器用于矿车运输时的安装示意图

使用自控器时，应根据自控器的流水能力和现场实际所需水量确定喷嘴数量。

6. 自控器的保养与维修

在自控器使用期间，阀门内部过滤器要勤清洗。可先拿掉阀门盖，然后拿掉密封圈及阀门内部的弹簧，清洗后，再一一装上。

自控器使用7号机械油或齿轮油作机内密闭环路循环液压油，每隔8个月更换一次，第一次换油时间为3个月。打开阀门上面的油孔螺栓，先将旧油排净，再加入煤油（作本机内部清洗），将自控器晃动数次，然后排净。用此办法清洗数次。排油清洗完毕后，再加满新油，上好油孔螺栓（拧紧）即可。所加油必须经过滤保持清洁。不要随便拆卸自控器的内部结构。

二、TJ－I 型冲击波自动喷雾控制箱

1. 工作特点

TJ－I 型冲击波自动喷雾控制箱是用于矿井下炮掘工作面全自动喷雾的灭尘装置，其特点是：

（1）全机械传动，不用通电。

（2）工作全自动，喷雾时间任意调节，动作灵敏可靠。

（3）不受水质影响，不堵塞，雾状效果好。

（4）无防爆要求，使用安全。

（5）体积小、质量轻、便于携带、安装使用方便。

（6）不易损坏，使用寿命长，并便于维护。

2. 工作原理

该控制箱是利用工作面爆破后产生的冲击波能量使受波屏动作，并通过机械传动系统自动开启水阀，使喷雾帘喷雾灭尘。喷雾达到规定时间后，自动关闭水阀，喷雾停止。第二次爆破时再自动喷雾。

3. 技术参数

喷雾时间	>5 s
距爆破点距离	<50 m
进水口水压	>0.1 MPa
外形尺寸（长×宽×高）	440 mm×400 mm×200 mm

4. 安装与调试

1）安装

（1）将控制箱携至距爆破点 50 m 以内的地方，且顶板完好的巷道一侧，使控制箱的"出水"管口指向工作面，然后将该箱吊挂在顶板（或放置在底板）上。

（2）接进出水管，进水管口用胶管或钢管与水源连接，出水管口用胶管与喷雾头（或喷雾帘）连接。

（3）将控制箱调到水平状态。

（4）将箱内水盒置于翻倒并自行锁定位置。

2）调试

根据喷雾时间要求，调节时间控制器，以满足自动控制的要求。

根据安装地点距爆破点的距离远近，调节弹簧盒盖，以保证装置的灵敏度。安装、调试好后，打开水源阀门，该控制箱即进入自动工作状态。

5. 使用与维护

（1）在使用过程中，一定要使出水管口指向工作面（即受波屏要迎向工作面）。

（2）控制箱与水平倾角不能大于 ±10°。

（3）不得随意拆卸或调节各部件。

（4）防止撞击，以免引起外壳严重变形和机内零件受损。

第七节　电气控制自动喷雾降尘装置

一、KCH1 型矿用定时全自动喷雾装置

该装置主要用于煤矿井下、煤岩运输大巷、井底车场、煤场、输送机等地点的粉尘环境，用来喷雾除尘，改善粉尘作业环境。

1. 工作原理

（1）该装置采用热释红外自动控制，其工作原理（图9-13）为：由探头输入信号，经 IC_1 放大（此级增益可调），然后由 IC_2 进行比较鉴别，输出信号经 IC_3 延时放大后，触发固态继电器 GDJ 动作，推动防爆电磁阀 DF 工作。

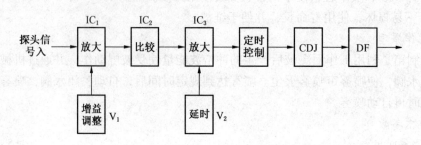

图9-13　自动控制原理框图

（2）热释红外探头电路的框图如图9-14所示，由菲涅透尔镜和 IC_0 作为探测器，IC_1 和 IC_2 组成二级放大以后，输出信号进入主控器。

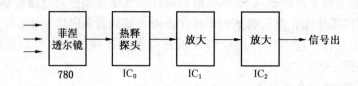

图9-14　红外探头电路框图

2. 主要技术参数

防爆形式	矿用隔爆兼本安型 di1
工作方式	连续
增益调整范围	20 dB
延时范围	10～60 s
定时范围	15～60 min
自动喷水时间	3～5 min
电源电压	36 V/127 V（50 Hz）
电压波动范围	-15%～+10%
环境温度	0～40 ℃
相对湿度	≤95%（40 ℃）
外形尺寸(长×宽×高)	267.5 mm×139 mm×115 mm
质量	7.5 kg

3. 安装方法

安装布置如图9-15、图9-16所示。

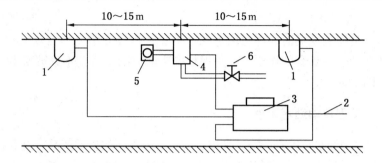

1—热释探头；2—电源线；3—主控器；4—电磁阀；5—喷头；6—供水闸门

图9-15　主机和探头安装图

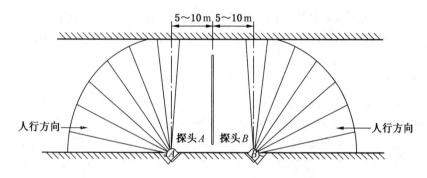

注：探头 A 和 B 均装于井壁上方壁孔内，迎向行人（或人车）方向，

壁孔装上小铁门，可防止"冲洗水柱"的损坏

图9-16　红外探头安装俯视图

4. KHC1 型爆破自动喷雾装置

其接线与红外控制自动喷雾器相同。差异仅在于改"两个红外探头"为一个"声控探头"。安装布置如图9-17所示。

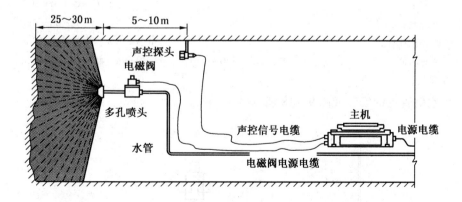

图9-17　爆破喷雾安装示意图

声控探头的灵敏度调到大于或等于 60 dB 音量时，即可启动喷雾。故若在钻眼时需要降尘，只需取下探头上的护套，用高于 60 dB 的声音呼叫，亦可临时自动喷雾（每次

10 min）。

在爆破前人员撤离现场时，注意取下探头护套，爆破完毕（即自动完成）。返回现场时，应重新装上护套。护套的作用：一是保护探头前方的受音孔不致被粉尘堵塞；二是避免不该喷雾时的误动作。

二、HW-91 型自动洒水装置

HW-91 型自动洒水装置有声控、光控、触控三种不同类型的产品。这套装置可用于煤矿主要通风巷道、运输大巷、车场、煤仓、输送机转载点等处的洒水降尘，净化空气，可在有瓦斯、煤尘爆炸的场所中使用。下面主要介绍声控、光控两种类型的自动洒水装置。

1. 结构

HW-91 型自动洒水装置属于隔爆兼本安型设备，由以下部分组成：

（1）CZ 控制箱。它是这套装置的主体，外壳为隔爆型，内装主控线路为隔爆兼本安型。

（2）电磁阀。它是水路开闭的执行元件，属矿用隔爆型。

（3）发射头。采用红外线光控装置，它能发出不可见的特种红外光谱。

（4）接收头。它是信号接收传感器，有 3 种不同的工作方式：

①用于光控的：它能选频接收某一特定红外光谱信号，经放大后，控制执行元件。

②用于声控的：它只对爆破时产生的冲击波起作用，接收声波信号，经放大后，控制执行元件。

③用于机车洒水的触控器，能接收重车一个触发信号，以控制执行元件。

2. 工作原理

当洒水装置的接收头收到光、声、触发信号后，接收器内阻发生变化，产生一个弱电流；这个电流经过选频放大，带动继电器，可使电磁阀打开或关闭，实现水源的接通或断开，达到喷嘴喷雾或不喷雾的目的，实现洒水的自动化。

3. 主要技术参数

电源电压	127VAC（36VAC）
电磁阀工作压力	0～6.3 MPa
最远控制距离	光控小于 8 m，声控小于 60 m
延时时间	光控，5～120 s；声控，3～20 min；触控，3～20 min

4. 安装

（1）水路管道的安装如图 9-18 所示。

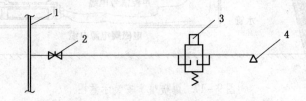

1—主水管路；2—手动阀门；3—防爆电磁阀；4—喷头

图 9-18　水路管道的安装示意图

（2）管路中光控自动洒水装置的安装布置如图 9 - 19 所示。

（3）管路中声控自动洒水装置的安装布置如图 9 - 20 和图 9 - 17 所示。

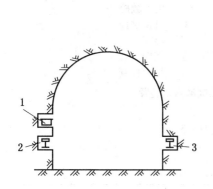

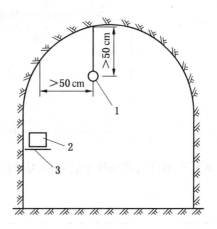

1—控制箱；2—接收头；3—发射头

图 9 - 19　光控自动洒水装置的
安装布置示意图

1—声控头；2—控制箱；3—支架

图 9 - 20　声控自动洒水装置的
安装布置示意图

5. 使用与维护

（1）正确选择电源电压，防止电压大，烧坏装置。

（2）电气连线要正确，检查无误后方可通电。

（3）电气部分不要安装在有淋水的地方，隔爆面要定期检查加涂防锈脂。

（4）用光控制的，光电发射头和接收头位置、角度一定要调准，使接收头能收到最大信号，发射头、接收头到控制箱的连线不能大于 40 m。

（5）用于声控爆破喷雾自动控制时，装置要远离爆破地点，防止炸坏，声控头应距离爆破点 40 ~ 60 m；声控头可挂在棚子顶梁上，但悬挂尺寸应符合规定；声控头必须朝向声波传来的方向；声控头与控制箱的距离应控制在 40 m 以内。

三、KPZ 系列矿用自动喷洒除尘装置

KPZ 系列矿用自动喷洒除尘装置适用于煤矿采掘工作面、综采工作面、运输大巷、井底车场、带式输送机、储煤仓场等粉尘作业环境。该设备通过自动喷雾或洒水，不仅能够降尘除尘、净化空气，还能够吸收一定的有害气体，降低粉尘浓度。该设备是改善和治理粉尘作业环境，有效防止粉尘危害的重要设施。

KPZ 系列矿用自动喷洒除尘装置根据相关标准设计制造。主机为隔爆型结构，采用铸铁外壳，更安全可靠、坚固耐用。主控器采用新颖的集成化统一电路，可适配不同类型的传感器。主机内设灵敏度调整、时间控制调整及输出状态转换装置，可便于设备在工作中对某种参数进行修正。该系列产品具有声控、红外线控制、电子触控、机械触控、温控、烟控及压力控制等多种不同的传感器，可供用户根据不同作业场合的需要进行选择应用。

（一）型号及技术参数

1. 型号的命名及分类

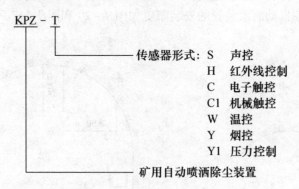

KPZ 系列矿用自动喷洒除尘装置应用举例见表 9 – 5。

表 9 – 5　应 用 举 例

型　　号	作 业 环 境	常用配套喷头
KPZ – S	采掘工作面	七孔伞状喷头
KPZ – H	运输大巷、综采工作面	管状水幕喷头
KPZ – C	带式输送机、转载点	用户自定
KPZ – C1	带式输送机、转载点	用户自定
KPZ – W	运输大巷、带式输送机	用户自定
KPZ – Y	运输大巷、带式输送机	用户自定
KPZ – Y1	综采工作面	用户自定

2. 技术参数

防爆形式	矿用隔爆兼本安型 diI
工作方式	连续
灵敏度调整范围	≤20 dB
延时可调范围	0 ~ 15 min
电源电压	AC 36 V/127 V　50 Hz
电源电压允许波动	− 15% ~ + 10%
环境温度	0 ~ 40 ℃
环境相对湿度	≤95%（40 ℃时）
电源进线电缆外径	$\phi 8 \sim 14$ mm
输出电缆外径	$\phi 8 \sim 10$ mm
主机外形尺寸（长 × 宽 × 高）	268 mm × 140 mm × 115 mm
设备总质量	17.5 kg

（二）工作原理

KPZ 系列矿用自动喷洒除尘装置的主机结构如图 9 – 21 所示。

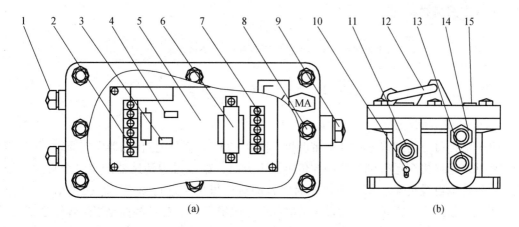

1、11—电磁阀电缆孔；2—传感器电磁阀接线端子；3—灵敏度调整钮；4—延时调整钮；5—主机线路板；

6—电源变压器；7—电源电缆接线端子；8—机壳紧固螺栓；9—电源电缆孔；10—接地螺栓；

12—主机吊攀；13、14—传感器电缆孔；15—安全标志铭牌

图9-21　KPZ系列矿用自动喷洒除尘装置的主机结构

1. 主控制器

图9-22为主控制器电气原理框图。当外界环境信号被传感器摄入，就立即转换成特定的电信号，进入主控制器被放大、鉴别和比较，处理后的信号经功率放大直接控制固体继电器工作。在电信号处理过程中，根据设备的功能要求，有特定的电路对灵敏度、时间控制及输出状态进行设定和校正。

强电输出系统根据固体继电器的动作指令，直接驱动喷洒管路中的电磁阀，从而实现自动控制喷雾或洒水的全过程。

图9-22　主控制器电气原理框图

2. 声控传感器

图9-23为声控传感器电气原理框图。在炮采工作面引爆炸药以后，爆破声波即经过传感器滤波器冲击强声接收器，同时产生一种非模拟信号。该信号由内部电路进行限幅和整形处理后输入主控制器。

滤波后的声音信号 → 强声接收器 → 限幅整形 → 信号输出

图9-23　声控传感器电气原理框图

3. 红外线传感器

图9-24为红外线传感器电气原理框图。人体热量产生的红外线经过菲涅尔透镜的汇聚，激发红外线接收器产生一种微弱的低频信号。该信号经二级放大，再经整形电路处

理，输入主控制器。

红外线汇聚信号 → 红外线接收器 → 放大 → 整形处理 → 信号输出

图 9-24　红外线传感器电气原理框图

4. 电子触控传感器

电子触控可分为架线触控和皮带触控。图 9-25 为电子触控传感器电气原理框图。架线触控是当运煤机车运行到架线触控传感器下方时，架线触控传感器产生一个触发信号，通过信号传输电缆传至主机，主机开启电磁阀对运煤机车进行喷雾，除去机车携带的灰尘。当机车驶过后主机延时到预设定的时间后，喷雾停止。皮带触控是当运煤输送带运送煤的同时，皮带触控传感器产生一个触发信号，通过信号传输电缆传至主机，主机开启电磁阀对运煤输送带上的煤进行喷雾，除去煤携带的灰尘，当运煤输送带上没有煤或输送带停止转动时就停止喷雾。

机车或皮带信号 → 电子信号 → 放大 → 整形处理 → 信号输出

图 9-25　电子触控传感器电气原理框图

5. 温度传感器

图 9-26 为温度传感器电气原理框图。矿井下输送带工作时产生高温，时常发生输送带或煤粉自燃引发火灾，当输送带产生高温时温度传感器中的接收器产生一个信号，该信号通过内部电路处理后输入主机，再由主机控制电磁阀打开进行洒水降温。

检测温度升高 → 电子信号 → 放大 → 整形处理 → 信号输出

图 9-26　温度传感器电气原理框图

6. 烟雾传感器

图 9-27 为烟雾传感器电气原理框图。一旦矿井下产生浓烟，浓烟进入烟雾传感器，烟雾传感器中的接收器产生一个信号，该信号通过内部电路处理后输入主机，再由主机控制电磁阀打开进行洒水降温。

检测有烟雾 → 电子信号放大 → 整形处理 → 信号输出

图 9-27　烟雾传感器电气原理框图

7. 压力传感器

图 9-28 为压力传感器电气原理框图。该设备主要用于综采工作面放顶煤、移架时的自动喷雾。压力传感器安装在支架进液管上（在进液管上加一个三通即可）。当支架放顶煤时，液压管中的乳化液压力减小，压力传感器输出一个低电压给主机（低电压控制式

主机），主机再控制电磁阀打开进行喷雾除尘。当移架时，液压管中的乳化液压力升高，压力传感器输出一个高电压给主机（高电压控制式主机），主机再控制电磁阀打开进行喷雾除尘。

$$\boxed{压力变化} \rightarrow \boxed{电子信号} \rightarrow \boxed{放大} \rightarrow \boxed{整形处理} \rightarrow \boxed{信号输出}$$

图9-28　压力传感器电气原理框图

（三）安装使用方法

KPZ系列矿用自动喷洒除尘装置的适用性很广，能够在各种不同的作业环境中安装、使用。现介绍几种典型的安装使用方法。

（1）图9-29为红外线控喷雾装置在井下运输大巷中的安装示意图。如果主机处于喷雾状态，当人体进入受控区以后，传感器立即将信号输入主控制器，驱使水幕管路中的电磁阀关闭，保证行人通行不被淋湿。当行人离开受控区后，水幕经过设定的延时，又自动恢复正常的喷雾。

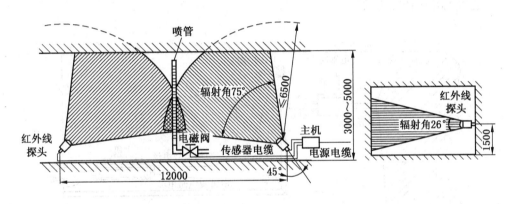

图9-29　红外线控安装示意图

在带式输送机运输大巷，由于车辆过往带起的粉尘比较多，可以采用常开式和常闭式两种主机控制，使大巷水幕在车辆过往后5~15 s内开始喷雾，延时1~5 min后自动关闭，达到既节水又降尘的目的。

（2）图9-30为综采工作面随机自动喷雾装置的安装示意图。每组喷雾由主机、红外线传感器、电磁阀、喷头、电缆等组成。由电磁阀控制喷头，主机控制电磁阀，电源是交流电127 V（用工作面照明电源）。每组喷雾的主机间用电缆连接，实现喷雾联锁。安设方法及使用过程为：从工作面进风口处开始，每5架1组喷头进行排列（喷头安装在前探梁上），当采煤机经过自动喷雾点的位置时，采煤机上的光源装置所发射的光信号被传感器（传感器安装固定在支架前探梁上）接收，则此点（包括此点）以下回风流中的所有喷雾自动打开，执行自动喷雾，并延时一段时间，延时时间可根据机组行走速度及所打开喷雾组的多少任意调整。该自动喷雾装置的研制使用，减少了移架时人工开启单向阀。

用户在安装红外线传感器时应注意和满足两个传感器的间距，以及传感器安装方位的

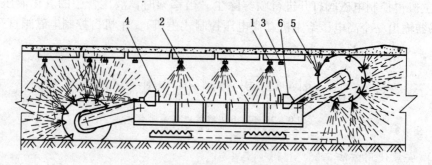

1—支架间自动喷雾；2—支架间手动喷雾；3—传感器；4—光源；
5—采煤机内喷雾；6—采煤机外喷雾

图 9-30 采煤机自动喷雾示意图

水平垂直角度，这样才能减小辐射盲区和扩大受控区域。

（3）图 9-31 为炮采工作面声控安装示意图。声控喷洒是炮采工作面常见的除尘方式，该装置无其他特殊要求。

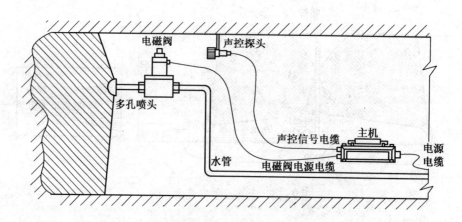

图 9-31 声控安装示意图

（4）图 9-32 为电子触控安装示意图。

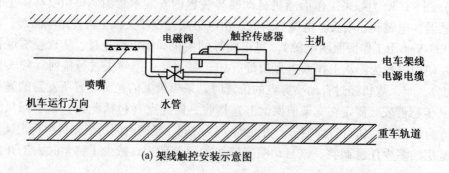

(a) 架线触控安装示意图

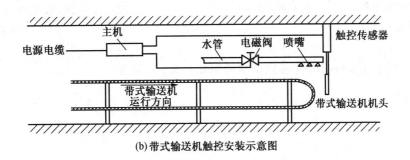

(b)带式输送机触控安装示意图

图9-32　电子触控安装示意图

（5）图9-33为接线图。

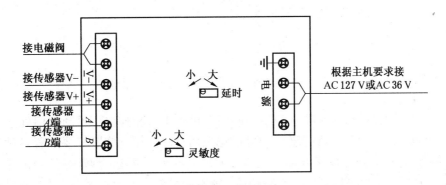

注：①声控传感器的两个接线端可任意接主机 V 端和 A 或 B 端。
　　②电磁阀安装时进水口和出水口不能接反，电磁阀上有标记

图9-33　KPZ系列矿用自动喷洒除尘装置接线图

四、PJD-7型多功能自动喷雾装置

PJD-7型多功能自动喷雾装置适用于煤矿井下各种采掘工作面、运输设备及其转载点、爆破作业和喷浆作业等粉尘作业场所喷雾降尘。

1. 主要技术参数

防爆形式	矿用隔爆兼本安型 diI
电源电压	AC 220 V/127 V(50 Hz) ±20%
环境温度	0~40 ℃
相对湿度	≤95%(40 ℃)
电磁阀工作电压	~220 V、~127 V
用于带式输送机时间调整范围	0~160 s
用于爆破作业时间调整范围	1~64 min
本安最大开路电压	DC 12 V
本安最大短路电流	230 mA
主控制箱工作电流	75 mA
主控制箱工作电压	DC 12 V

主控制箱外形尺寸（长×宽×高）	220 mm × 130 mm × 120 mm
质量	8 kg

2. 结构和原理

PJD－7 型多功能自动喷雾装置基本结构如图 9－34 所示。

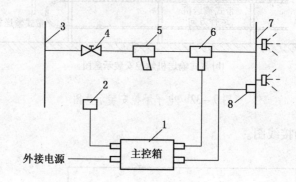

1—自动喷雾装置主控箱；2—传感器；3—供水干管；4—手动水阀门；

5—水质过滤器；6—电磁阀；7—水幕；8—水流传感器

图 9－34　PJD－7 型多功能自动喷雾装置基本结构

其工作原理为：自动喷雾装置的手动阀门与供水干管相连接，手动阀门处于常开状态，电磁阀处于常闭状态，当传感器（可根据现场情况或用户实际需要配置各种工作原理的传感器）将感应到的设备开动、物料、振波、声音、温度、烟雾等信号传递到主控箱后，主控箱即控制电磁阀开启、水路畅通、水幕喷雾降尘或洒水灭火。该自动喷雾装置的另一种工作方式为：电磁阀处于常开状态，水幕长时间喷雾，当传感器将感应到的需要水幕停喷的信号传递到主控箱后，主控箱即控制电磁阀关闭，使用水幕因缺水而停喷，传感信号消失后，水幕又恢复正常喷雾。水幕由水管、喷头及水流传感器组成，水管的形状和喷头的数量由安装地点决定。

电控箱的电路原理如图 9－35 所示。

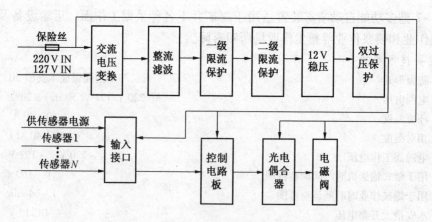

图 9－35　PJD－7 型多功能自动喷雾装置电路原理方框图

PJD－7 型多功能自动喷雾装置的结构形式如图 9－36 所示。

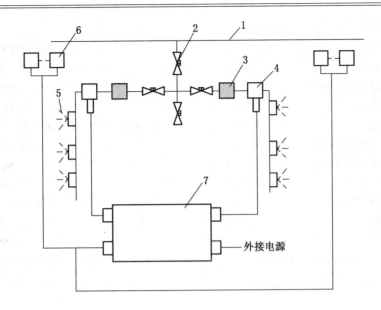

1—供水干管；2—手动水阀门；3—水质过滤器；4—电磁阀；5—水幕；6—传感器；7—自动喷雾装置主控箱

图9-36 PJD-7型多功能自动喷雾装置结构图

PJD-7型多功能自动喷雾装置在一般形式时的工作原理与在基本结构形式时的工作原理相同，但是它可以根据粉尘作业现场的具体情况和用户的实际需要，设置2个以上的传感器、2道以上的水幕，使自动喷雾装置的工作方式更加灵活多样、工作更加可靠，使用寿命更长。

若将PJD-7型多功能自动喷雾装置用于带式输送机，再配置速度、跑偏、堆煤等传感器，它既能够起到喷雾降尘、防火灭火的作用，还能够起到防止输送带打滑、跑偏、堆煤等作用。

除了上述功能以外，从图9-34、图9-36可以看出，在PJD-7型多功能自动喷雾装置里，还配置了水流传感器、振动传感器及载荷传感器。水流传感器安装在水幕上，如果供水干管因各种原因缺水而造成水幕长时间缺水，水流传感器就会把缺水信息传递给主控制箱，主控制箱就会命令电磁阀停止工作，使得电磁阀不至于因缺水长时间干烧而烧坏，电磁阀因而受到了保护。振动传感器单独作为开停传感器用于带式输送机、破碎机等设备时所体现的最大优点是：振动传感器在既感应到带式输送机、破碎机开动，又感应到其上有物料时，才会使水幕开启。载荷传感器应用于带式输送机载荷测量，空载时水幕不工作，有载（物料为40%~100%）时自动降尘。若在爆破作业场所，振动传感器就安装在主控制箱内，当感应到爆破振波后，它就会启动水幕工作。振动传感器安装在主控制箱内应用于爆破作业环境，克服了以往爆破自动喷雾装置主控制箱与传感器相分离造成的许多缺点，该装置已在煤矿井下炮掘工作面得到了成功推广和应用。

五、ZPG/S/C系列矿用自动喷雾降尘装置

ZPG/S/C系列矿用自动喷雾降尘装置由KXJ-0.5/127（36）型电源箱和ZPG-G型红外光控传感器、DFB/4型矿用隔爆电磁组成3种不同控制方式的降尘装置。

1. 技术参数

防爆形式	矿用隔爆兼本安型 ExibI
工作方式	连续
灵敏度调整范围	≤20 dB
延时范围	0 ~ 16 min
电源电压	AC 36 V/127 V(50 Hz) -5% ~ 10%
本安最大开路电压	DC 9.5 V
本安最大短路电流	80 mA
环境温度	0 ~ 40 ℃
环境相对温度	≤95%(40 ℃)
主机输出	两路
海拔高度	±2000 m
主机外形尺寸（长×宽×高）	336 mm × 176 mm × 138 mm
质量	12.5 kg

2. 工作原理

主控制器设在主机内，当外界环境信号被传感器探头摄入，就立即转换成特定的电信号，通过电缆传输，电信号进入主控制器被放大，鉴别和比较后的信号经功率放大直接控制固体继电器工作。在电信号处理过程中，根据设备的功能要求，由特定的电路对灵敏度、时间控制及输出状态进行设定和调整。

强电输出系统根据固体继电器的动作指令，直接驱动喷雾电磁阀，从而实现自动控制喷雾或洒水的全过程。

3. ZPC 型微振动触控自动喷雾降尘装置

1）工作程序

当带式输送机机头有煤块在运输时，微振动触控传感器立即感应信号，喷雾头开始喷雾，一直在运煤就直喷。待停机或无煤块时，延时时间一到将自动停止喷雾，恢复到待机状态。注意传感板一定要能碰到煤块，或加胶带板让其能把振动信号传到传感头上。

2）安装方法

该装置的安装方法如图 9 - 37 所示。

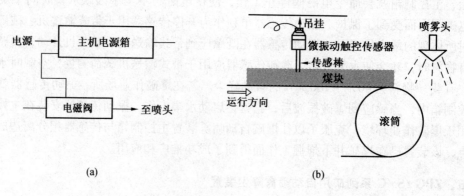

图 9 - 37　ZPC 型微振动触控自动喷雾降尘装置的安装方法

3）接线方法

该装置的接线方法如图9-38所示。

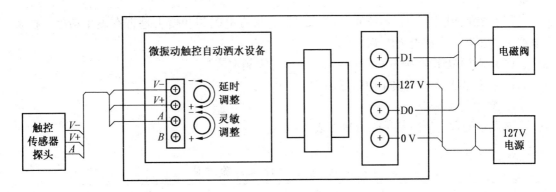

注：微振动触控传感器每触动一下，喷雾时间在1~2 min可调

图9-38　ZPC型微振动触控自动喷雾降尘装置的接线方法

4）主机结构

该装置的主机结构如图9-39所示。

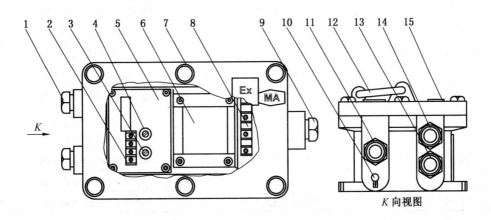

1、11—电磁阀电缆孔；2—探头电缆接线板；3—灵敏度调整钮；4—延时调整钮；5—主控制电路接线板；

6—电源变压器；7—机壳紧固螺栓；8—电源电磁阀接线板；9—电源电缆孔；10—接地螺栓；

12—主机吊攀；13、14—探头电缆孔；15—安全标志铭牌

图9-39　ZPC型微振动触控自动喷雾降尘装置的主机结构

4. 注意事项

（1）在矿井下该设备严禁带电安装、检修，即使正常的开盖维护也必须先切断电源。

（2）每次工班交接该设备时应系统全面地巡查一次，若发现电缆破损应及时更换，处理。

（3）各种传感器探头应每星期试擦清理一次，特别是红外线传感探头的透镜必须清洗干净，保证透视距离。

（4）第一次安装该设备时应注意主机的电源进线和探头的出线，接线方法是否正确，主机灵敏度和延时是否调整适当，状态转换是否符合主机的使用要求，以及电磁阀水压和方向。

（5）在使用过程中，不能正常喷洒时，应检查电磁阀和喷头是否有煤尘堵塞，探头电缆是否正常，主机有无电源。

（6）电源电压必须根据设计要求，不应超出额定范围。

（7）安装人员要注意保护防爆面。

5. 常见故障排除

该设备的常见故障及排除方法见表9-6。

表9-6　常见故障及排除方法

故　　障	原因分析	排除方法
电源控制箱工作不正常	电源控制箱无工作电压	检查交流输入端：（1）接线是否松脱（2）是否按铭牌标定的电压接入
		电源线有无短路
		电源变压器是否损坏
电源控制箱不受控制	控制信号输入不正常	检查信号输入端接线是否松脱
		输入信号的极性是否正确
		信号电压是否为0 V、5 V
	继电器工作不正常	继电器损坏
		整流稳压电路损坏
		驱动继电器线圈的二极管损坏
	电源控制箱安装不正确	按使用说明书正确安装
传感器工作不正常	传感器无工作电压	检查电源控制箱9 V电压的输出
	传感器无信号输出	检查传感器的探头（探针）
	传感器安装不正确	按使用说明书正确安装
电磁阀工作不正常	电磁阀未通电打开	检查电磁阀是否生锈或堵塞

第八节　个体防尘用具

我国煤矿的个体防尘用具主要有：自吸过滤式、动力送风过滤式和隔离式三种口罩及防尘服。目前，自吸过滤式防尘口罩在煤矿井下应用最广，下面主要介绍自吸过滤式防尘口罩。

一、种类

目前用于矿井个体防尘的自吸过滤式防尘口罩，主要有不带换气阀的简易型和带换气阀的专用防尘口罩两种。

1. 简易型口罩

这种口罩一般都无换气阀，吸入及呼出的
空气都经过同一通道。由于呼吸时随气流夹带
的各种杂物会逐渐沉积在过滤层上，致使口罩
的呼吸阻力不断增加。当工人在粉尘浓度高或
劳动强度大的条件下工作时，随着时间的延长，
会有呼吸困难的感觉。这种口罩过滤细粉尘的
能力较差，这是其主要缺点；优点是结构简单、
轻便、容易清洗、成本低廉。

2. 换气阀型口罩

带有换气阀的口罩装有吸气阀和呼气活塞，
滤料装在专门的滤料盒内，污染后可以更换。
这种口罩的结构如图9-40、图9-41所示。

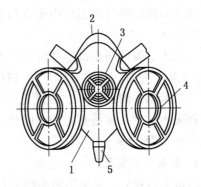

1—面罩主体；2—密封面部的座圈；3—呼吸阀；
4—滤料盒；5—带有逆止浮球的出水嘴
图9-40　带有换气阀的防尘口罩示意图

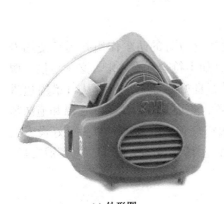

(a) 外形图

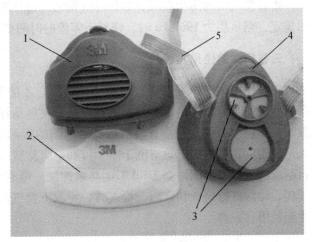

(b) 结构图

1—滤纸盒；2—防尘滤棉纸；3—换气阀；4—面罩；5—头带
图9-41　3M单滤盒防尘口罩

这种口罩的主要优点是阻尘率高、呼吸阻力小；缺点是质量较大和对视线有一定的妨碍。

二、技术性能

了解防尘口罩的主要技术性能指标，是正确选用防尘口罩的依据。

1. 阻尘率

阻尘率是口罩滤料阻止粉尘通过的能力，通常用被口罩滤料阻止住的那部分粉尘所占
的百分比来表示。影响阻尘率高低的主要因素是滤料的种类和口罩的结构；其次是空气中
粉尘的含量和粉尘的粒度。对同一口罩来说，如空气中的含尘量高、粒度细，其阻尘率必
然会高；反之则低。

2. 呼、吸气阻力

口罩的呼、吸气阻力是否适度，是衡量口罩优劣及工人是否乐意佩戴的重要因素。

呼、吸气阻力增加，会引起人员呼吸肌疲劳，产生憋气或其他不舒适感觉。国家标准规定，防尘口罩的吸气阻力应小于或等于 49 Pa，呼气阻力应小于或等于 29.4 Pa。

3. 死腔容积

作业人员佩戴防尘口罩之后，口罩与人面之间总有一定的自由空间，一般称为"死腔"。人体呼吸时，在"死腔"中往往会保留着一部分呼出来的空气。这些残留空气的特点是含氧量低，约占 16%，二氧化碳含量较高，约占 49%。这些有害的污浊气体，如果再次被吸入，对人体是有害的。因此，要求口罩"死腔"容积应尽量小，按照国家标准规定应小于 180 cm^3。

4. 影响下方视野

人戴上口罩后，总会影响眼睛下方视野的广度。其影响程度，一般都以妨碍下方视野的实际角度来表示。按照国家标准规定，影响下方视野的角度应小于或等于 10°。

5. 质量和气密性

口罩的质量应越轻越好，按规定不得超过 150 g/个。

带有换气阀的防尘口罩，如果呼气阀的严密性差，将会使口罩内的废气不易排出。按照规定，当负压为 1960 Pa 时，恢复至零值的时间要超过 10s。

三、口罩的使用与维护

正确使用和维护好自吸过滤式防尘口罩，才能发挥它应有的防尘作用并延长使用寿命。使用前，要检查口罩整体及零部件是否完整良好，如不符合标准要求，必须更换。佩戴时，要包住口鼻，并检查口罩与鼻梁两侧的接触是否良好，要防止粉尘从口罩周边进入。使用后，必须把口罩清洗干净，特别是简易型口罩，更要勤洗。由聚氯乙烯和泡沫塑料制成的口罩，不能用高于 40 ℃的热水冲洗。带有滤料盒和换气阀的口罩，最好设专人管理，经常进行检查和修配。检查时，要取下换气阀，用清水洗净、晾干，再经消毒后，才能使用。

四、武安 301 型防尘口罩

该口罩为自吸过滤式半面罩呼吸器官保护用具，性能符合《呼吸防护用品——自吸过滤式防颗粒物呼吸器》（GB 2626—2006）的要求。该口罩的主要结构由塑料主体、过滤盒、呼气阀、排水嘴和系带 5 部分组成；具有阻尘率高、呼吸阻力低、佩戴柔软舒适、使用清洗方便等特点，广泛适用于各种高浓度煤尘、硅尘和其他无毒粉尘作业，长期使用可有效预防尘肺对人体的危害。

1）性能

阻尘率	98%～99.6%
吸气阻力	<49 Pa
呼气阻力	<29 Pa
质量	102 g
死腔	135 cm^3
妨碍下方视野	7°

2）使用与保养

（1）进入粉尘场所之前应将口罩戴好，保持严密。

（2）使用中如发现憋气或口罩内有较多粉尘时，应在无粉尘的地方检查问题或更换滤纸。

（3）滤纸应每班更换一次，滤布每 5～10 个班更换一次。

（4）口罩冲洗时，可用 30 ℃的温水清洗，滤纸应先卸下来，勿与水接触。严禁火烤或曝晒口罩，软泡沫圈可轻轻搓洗，如用力过大或水温过高会引起胶脱落现象。

（5）发现软泡沫圈开胶或脱圈时，可用胶浆粘接。

（6）使用单位应备有滤纸、呼气阀、吸气阀、软泡沫圈等备件。

第九节　隔爆设施的设置与维护

目前矿井最广泛使用的隔绝煤尘爆炸传播的设施是被动式隔爆棚。该棚分为被动式水槽棚、水袋棚和岩粉棚。其工作原理是：当发生瓦斯煤尘爆炸时，在超前于爆炸火焰传播的冲击波超压的作用下，隔爆棚被击碎或者被暴风掀翻，使棚架上或槽子内的抑制剂（岩粉或水）飞散开来，在巷道中形成一个高浓度的岩粉云或水雾带，使滞后于暴风的爆炸火焰到达棚区时被扑灭，从而阻止了爆炸继续向前传播。

一、被动式隔爆棚的设置方式

被动式隔爆棚不是单独的一架棚子，而是由若干架棚子组成的一组棚区。如何将一组棚区布置成最合理、阻爆效果最好的棚区是十分重要的。一般采用三种设置方式：集中式布置、分散式布置和集中分散式混合布置。

（1）集中式布置。将抑制瓦斯煤尘爆炸传播所必需的抑制剂（岩粉或水）总量，平均分装在由若干架棚子组成的一组棚架上，并将这一组隔爆棚架集中设置在距有爆炸危险地点一定距离的一段巷道内。这种设置方式，可以在巷道中形成一个有很强灭火作用的抑制带，起到隔离火焰传播的屏蔽作用。

（2）分散式布置。将抑制剂分装在数十架棚架上，一架或两架为一组，分散设置在可能发生煤尘爆炸区域的一段巷道内，形成不小于 200 m 长的抑制带。这种方式可以在较大范围内形成不利于爆炸传播的环境，一旦发生爆炸它将使爆炸反应逐渐减弱，直至终止。在爆源难以判断的巷道中应该采用这种方式设置隔爆棚。

（3）集中分散式混合布置。同时采用上述两种方式设置。这种方式在工作面推进速度很快的情况下具有较好的适应性。例如综掘工作面就可以使用这种布置方式。

根据隔爆棚在井巷系统中限制煤尘爆炸的作用和保护范围不同，可将它分为主要隔爆棚和辅助隔爆棚。主要隔爆棚的作用是保护全矿的安全，应设置在矿井两翼、与井筒相通的主要运输大巷和回风大巷、相邻煤层之间的运输石门和回风石门及相邻采区之间的集中运输巷和回风巷。辅助隔爆棚的作用是保护一个采区的安全，应该在采煤工作面的进风巷道和回风巷道、采区内的煤和半煤岩掘进巷道、采用独立通风并有煤尘爆炸危险的其他巷道内设置。

二、被动式隔爆棚在巷道中的布置

被动式隔爆棚只有在距爆源一定范围内才能发挥效能，安设位置距可能的爆源太近或太远，都会导致棚子不起作用或阻爆效果不好。这是因为隔爆棚架离爆源的距离是以煤尘爆炸的暴风压与火焰到达棚架位置的时间差来确定的，即与暴风速度和爆炸火焰传播速度有关。煤尘爆炸传播规律表明，只有当爆炸发展到一定程度，即爆炸已经传播到离爆源一定距离后，暴风才能超前爆炸火焰传播，两者才能出现时间差。在生产矿井实际条件下，爆炸的强度是随机的；同一强度的爆炸，其暴风速度和火焰传播速度也是随时间变化的。为了保证隔爆棚的有效性，由在大型煤尘爆炸试验巷道内进行的大量接近实际规模的爆炸试验表明，对于集中式布置的隔爆棚，首架棚子离爆源的最小距离不得小于 60 m；最大距离，岩粉棚不得大于 300 m，水棚不得大于 200 m，最佳距离为 100 m。

三、水槽

水槽材料具有质脆、热稳定性好和一定强度等特性。它能在弱爆炸所产生的冲击波作用下破碎，槽中水能迅速扩散，成雾性能好。在正常情况下，不会被一般的动力效应所破坏，也不发生热变形。

PGS 型隔爆水槽的主要技术指标：

容积	40 L、60 L
阻燃性能	符合 MT 113—1995 的要求
表面电阻值	$\leqslant 3 \times 10^8$ Ω
水槽破坏所需爆炸静压	$\leqslant 10$ kPa
形成最佳水雾所需时间	< 150 ms
最佳水雾持续时间	> 250 ms
最佳水雾柱长度	> 5 m
最佳水雾柱宽度	> 3.5 m
最佳水雾柱高度	> 3 m

GS 型隔爆水槽的主要技术指标：

容积	40 L、80 L
阻燃性能	符合 MT 113—1995 的要求
表面电阻值	$< 3 \times 10^8$ Ω
水槽破碎静压	< 16 kPa
形成最佳水雾所需时间	< 150 ms
最佳水雾持续时间	> 250 ms
最佳水雾柱长度	> 5 m
最佳水雾柱宽度	> 3.5 m
最佳水雾柱高度	> 3.2 m

四、水袋

水袋棚与水槽棚一样，是以水作为抑制剂。柔性的水袋，受爆炸冲击波超压作用时，迎风侧吊环首先脱钩，水往脱钩侧倾泻出来，被暴风扩散成水雾，水雾带便可扑灭后续而来的火焰。其灭火原理与水槽棚灭火原理完全一致。

水袋使用的材料是能经得起水的长期浸泡不腐烂、机械强度不下降、表面涂层不会剥离的材料。它具有质轻、柔软、不燃或阻燃、抗静电及不渗漏密封性能。

由于水袋的结构形状、材质及水袋的支承方式，直接影响水袋动作的灵敏性和形成水雾的效果，因此，对水袋要有一定的技术要求。开口式水袋底部为近弧形，当它迎风脱落时，有利于水的泻出，并且不会兜水。

GD 型隔爆水袋的主要技术指标：

容积	30 L、40 L、60 L、80 L、100 L
阻燃性能	符合 MT 113—1995 的要求
表面电阻值	$\leqslant 3 \times 10^8 \ \Omega$
形成最佳水雾所需时间	<150 ms
最佳水雾持续时间	>160 ms
最佳水雾柱长度	>5 m
最佳水雾柱扩散宽度	>3.5 m

PGS 型隔爆水袋的主要技术指标：

容积	40 L
阻燃性能	符合 MT 113—1995 的要求
表面电阻值	$\leqslant 3 \times 10^8 \ \Omega$
水袋破坏所需爆炸静压	$\leqslant$10 kPa
形成最佳水雾所需时间	<150 ms
最佳水雾持续时间	>250 ms
最佳水雾柱长度	>5 m
最佳水雾柱宽度	>3.5 m
最佳水雾柱高度	>3 m

五、隔爆设施的维护

（1）安设隔爆设施前一定要认真检查其质量，不合格的不得使用。

（2）按《煤矿安全规程》的要求，应当每周至少对隔爆设施进行一次全面的质量检查，损坏的水槽（袋）应及时更换，同时，应定期加水，保持水槽（袋）的水量充足。

（3）定期对水槽（袋）内及表面的积尘进行清理，保持其性能的可靠性。

第十章 矿井通风基础知识

第一节 通风与安全的基本任务及井下空气

为了从根本上改善矿井安全生产状况，煤矿工作人员必须理解和执行《煤矿安全规程》的有关规定，掌握矿井生产中的一些基础知识。

矿井通风与安全是人们在煤炭生产中，与各种各样的自然灾害作斗争时，不断积累经验、吸取教训、总结规律而逐渐形成的一门学科，它包括矿井通风和安全技术两个方面。

一、矿井通风的基本任务及主要内容

1. 矿井通风的基本任务

矿井通风的基本任务是连续不断地向煤矿井下供给适量的新鲜空气，以冲淡并排除井下的有毒有害气体和粉尘，保证井下风流的质量（成分、温度和速度）和数量符合国家安全卫生标准，创造良好的工作环境，保障煤矿职工的身体健康和生命安全，以提高矿井的劳动生产率。

2. 矿井通风的主要内容

矿井通风的主要内容包括矿井内空气的成分和性质、变化规律与安全标准，矿井风量的计算与确定，井下风流流动的基本规律，通风阻力的类型、产生原因及其性质与测定，矿井通风动力的类型、测算与使用，矿井通风系统的选择与确定，井下风流的控制与调节，保证矿井通风质量的安全技术措施和组织措施等。

二、井下空气的主要成分

地面空气主要是由氧气、氮气、二氧化碳三种气体组成的混合物。按体积百分比计算：氧气为 20.96%、氮气为 79%、二氧化碳为 0.04%。此外还含有数量不定的水蒸气、微生物和灰尘等。

（一）井下空气

地面新鲜空气进入井下后，成分上发生一系列的变化：

（1）含氧量减少。

（2）混入各种有害气体。

（3）混入煤尘和岩尘。

（4）空气的温度、湿度和压力也发生变化。

变化程度不大的叫作新鲜空气，也叫作新风；变化程度较大的叫作污浊空气，也叫作

污风或乏风。

（二）井下空气的成分

尽管井下空气与地面空气有所不同，但其主要成分仍然是氧气、氮气和二氧化碳。

1. 氧气（O_2）

氧气是一种无色、无味、无臭的气体，它相对空气的密度为1.11。氧气的化学性质很活泼，可以与许多物质发生化学反应。氧气能助燃并供人与动物呼吸。

空气中氧气浓度的高低对人体健康影响很大。最适于人呼吸的空气中氧气浓度为21%左右，当氧气浓度降到17%时，人在静止状态尚无影响，但在工作时能引起喘息、呼吸困难和心跳；当氧气浓度降到10%~12%时，人将失去知觉，对人的生命已有严重威胁；当氧气浓度为6%~9%时，人在短时间内将死亡。因此，《煤矿安全规程》规定，采掘工作面的进风流中，氧气浓度不低于20%。

在井下通风不良的巷道中，或发生火灾、瓦斯和煤尘爆炸后，氧气浓度会降到很低，因此，在进入这些巷道之前，要认真检查氧气浓度，否则会有窒息的危险。

2. 氮气（N_2）

氮气是一种无色、无味、无臭的惰性气体，它相对空气的密度为0.97，不助燃也不能维持呼吸。在正常情况下，氮气对人体无害，但当空气中含氮量过多时，能使氧气的浓度相对降低，人会因缺氧而窒息。

3. 二氧化碳（CO_2）

二氧化碳是一种无色、略带酸味的气体，它相对空气的密度为1.52，能维持呼吸，略带毒性，对眼睛、喉咙及鼻的黏膜有刺激作用，易溶于水，不助燃也不燃烧。

二氧化碳对人的呼吸有刺激作用。当肺泡中的二氧化碳增多时，能刺激呼吸中枢神经，引起呼吸频繁。因此在急救受有害气体伤害的患者时，常常首先让其吸入混有1%~5%二氧化碳的氧气，以加强呼吸。但空气中二氧化碳浓度过高时，又会相对地减少氧气浓度，并使人中毒或窒息。二氧化碳对人体的影响与其浓度有关：浓度为1%时，呼吸感到急促；浓度增加到5%时，呼吸感到困难，同时有耳鸣和血液流动加快的感觉；浓度达到10%~20%时，呼吸将处于停顿状态，人会失去知觉，浓度达到20%~25%时，人将中毒死亡。因此《煤矿安全规程》规定，采掘工作面的进风流中，二氧化碳浓度不超过0.5%。因为二氧化碳比空气重，所以它常积聚在下山、水仓、溜煤眼，以及通风不良的巷道底部，当人员进入这些巷道时，应认真检查，以防发生窒息事故。

井下二氧化碳有以下几方面来源：

（1）由煤和坑木等物质的氧化产生。

（2）井水（主要是酸性水）遇碳酸性岩石（方解石、石灰石等）分解产生。

（3）从煤和围岩中放出。

（4）爆破工作和瓦斯、煤尘爆炸，以及人的呼吸产生。

（三）井下空气中的主要有害气体

井下空气中的主要有害气体有：一氧化碳、硫化氢、二氧化硫、二氧化氮和瓦斯等。

1. 一氧化碳（CO）

一氧化碳是一种无色、无味、无臭的气体，它相对空气的密度为0.97，微溶于水。在常温、常压下，一氧化碳的化学性质不活泼，但浓度为13%~75%时遇火能引起爆炸。

一氧化碳毒性很强。它的毒性是因为人体内红细胞所含血色素对它的亲和力比对氧气的亲和力大 250～300 倍。因此人体吸入一氧化碳后，就阻碍了氧气和血色素的正常结合，导致人体各部分组织和细胞产生缺氧现象，会引起窒息和中毒以致死亡。

一氧化碳的中毒程度和中毒速度与下列因素有关：①空气中一氧化碳浓度；②与一氧化碳接触的时间；③呼吸频率和呼吸深度。人处于静止状态时，一氧化碳的中毒程度见表 10－1。

表 10－1　一氧化碳浓度与中毒程度的关系

CO 浓度		中毒时间	中毒程度	征　兆
（mg·L⁻¹）	%（按体积计算）			
0.2	0.016	数小时	轻微中毒	无征兆或有轻微征兆
0.6	0.048	1h 以内	严重中毒	耳鸣、头痛、头晕与心跳
1.6	0.128	0.5～1h	致命中毒	除有轻微中毒征兆外，并出现四肢无力、呕吐、感觉迟钝、丧失行动能力、丧失知觉、痉挛、呼吸停顿、假死
5.0	0.40	短时间内		

一氧化碳中毒后，除出现表 10－1 所列征兆外，其显著特征是嘴唇呈桃红色，两颊有红斑点。

若一氧化碳浓度达到 1% 时，人只要呼吸几口就会失去知觉；如果长期在含有 0.01% 的一氧化碳空气中生活与工作，人会慢性中毒。因此，《煤矿安全规程》规定，井下空气中一氧化碳浓度不得超过 0.0024%。

井下一氧化碳的来源：①井下火灾；②瓦斯、煤尘爆炸；③爆破工作。由于瓦斯、煤尘爆炸会迅速生成大量的一氧化碳，因此对人危害最大。

2. 硫化氢（H_2S）

硫化氢是一种无色、略带甜味和臭鸡蛋气味的气体，相对密度为 1.19，易溶于水。硫化氢气体能燃烧，当浓度达到 4.3%～46% 时，具有爆炸性。

硫化氢有很强的毒性，能使血液中毒，对眼睛黏膜及呼吸道有强烈的刺激性。当空气中硫化氢浓度达到 0.01% 时，人员会闻到气味、流唾液、流清鼻涕；达到 0.05% 时，0.5 h 内就能使人员严重中毒；达到 0.1% 时，在短时间内就会有生命危险。因此，《煤矿安全规程》规定，井下空气中硫化氢浓度不得超过 0.00066%。

井下硫化氢的来源：①坑木的腐烂；②含硫矿物（黄铁矿、石膏等）遇水分解；③从旧巷涌水中或自煤及围岩中放出；④爆破工作。

3. 二氧化硫（SO_2）

二氧化硫是一种无色、具有强烈硫黄燃烧味的气体，它相对空气的密度为 2.2，易溶于水。由于它对眼睛及呼吸器官有强烈的刺激作用，常被称为"瞎眼气体"。

二氧化硫与呼吸道的湿表面接触后能形成硫酸，因而对呼吸器官有腐蚀作用，使喉咙及支气管发炎，呼吸麻痹，严重时会引起肺水肿。当空气中二氧化硫浓度达到 0.0005% 时，嗅觉器官能闻到刺激味；达到 0.002% 时，有强烈的刺激，可引起头痛、喉痛；达到

0.005% 时，会引起急性支气管炎和肺水肿，短时间内即死亡。因此，《煤矿安全规程》规定，井下空气中二氧化硫浓度不得超过 0.0005%。

井下二氧化硫的来源：①含硫矿物缓慢氧化或自燃生成；②从煤或围岩中放出；③在含硫矿物中爆破生成。

4. 二氧化氮（NO_2）

二氧化氮是红褐色气体，它相对空气的密度为 1.57，极易溶于水，对眼睛、鼻腔、呼吸道及肺部有强烈的刺激作用，二氧化氮与水结合生成硝酸，因此会对肺部组织起破坏作用，引起肺部的浮肿。

二氧化氮中毒最重要特征：经过 6 h 甚至更长的时间才能出现中毒征兆，即使在危险的浓度下，起初也只是感觉呼吸道受刺激，开始咳嗽，但经过 20 ~ 30 h 后，就会发生较严重的支气管炎、呼吸困难，手指尖及头发变黄，吐出淡黄色痰液，发生肺水肿，引起呕吐现象，以致很快死亡。

当空气中二氧化氮浓度为 0.004% 时，2 ~ 4 h，还不会出现中毒现象；当浓度为 0.006% 时，就会引起咳嗽、胸部发痛；当浓度为 0.01% 时，短时间内对呼吸器官就会有很强烈的刺激作用，咳嗽、呕吐、神经麻木；当浓度为 0.025% 时，使人很快中毒死亡。因此，《煤矿安全规程》规定，井下空气中二氧化氮浓度不得超过 0.00025%。

通常爆破后生成一氧化氮，因一氧化氮极不稳定，遇空气中的氧气即转化为二氧化氮。因此，爆破后应加强通风，或喷雾洒水，排出二氧化氮之后方可进入工作面。

5. 瓦斯（CH_4）

这里的瓦斯主要指甲烷。甲烷是一种无色、无臭、无味的气体。但有时由于伴生着碳氢化合物和微量硫化氢，会发出一种类似苹果香的特殊气味。瓦斯相对空气的密度为 0.554，约是空气的 1/2，容易积聚在巷道的顶板处，特别容易积聚在上山巷道的掘进头处。

瓦斯不易溶于水，有迅速扩散的性质。瓦斯的渗透性很强，较空气大 1.6 倍，容易从邻近煤层经过岩层裂缝与孔隙积聚在采空区内。瓦斯本身虽无毒，但当空气中浓度较高时，就会相对降低空气中氧气含量，使人窒息。瓦斯不助燃，但当它在空气中的浓度较低时，遇火源能够燃烧，当浓度在 5% ~ 16% 之间时，遇火即能爆炸。

井下瓦斯的主要来源：在生产过程中从煤岩层中释放出来。其数量一般用矿井瓦斯涌出量来表明。矿井瓦斯涌出量可用两种方式表明：

（1）绝对瓦斯涌出量：指在单位时间内涌出瓦斯的立方米数，用符号 Q_{CH_4} 表示，单位为 m^3/min 或 m^3/d。

（2）相对瓦斯涌出量：指平均日产煤 1t 的瓦斯涌出量，用符号 q_{CH_4} 表示，单位为 m^3/t。

矿井瓦斯等级划分如下：

（1）低瓦斯矿井：相对瓦斯涌出量 ≤10 m^3/t，且绝对瓦斯涌出量 ≤40 m^3/min。

（2）高瓦斯矿井：相对瓦斯涌出量 >10 m^3/t 或矿井绝对瓦斯涌出量 >40 m^3/min。

（3）煤与瓦斯突出矿井。

三、防止有害气体危害的措施

为了防止有害气体的危害，应采取如下措施：

（1）加强通风，将各种有害气体冲淡到《煤矿安全规程》规定的浓度以下。

（2）加强检查，应用各种仪器监视井下各种有害气体的动态，以便及时采取相应的措施。

（3）如果某种有害气体的产生量比较大，可采用抽放措施，如我国许多矿井将瓦斯抽至地面，并加以利用。

（4）井下通风不良的地区或不通风的旧巷内，聚积大量的有害气体。因此，在不通风的旧巷口要设栅栏，并挂上"禁止入内"的牌子。若要进入这些旧巷，必须先进行检查，确认对人体无害才能进入。

（5）当工作面有二氧化碳放出或爆破生成二氧化氮时，可使用喷雾洒水的办法使其溶于水中。在所使用的喷洒水中加入石灰或一些药剂，效果会更好。

（6）若有人由于缺氧窒息或呼吸有毒气体中毒时，应立刻将中毒者移到有新鲜空气的巷道或地面，并进行人工呼吸（NO_2、H_2S 中毒除外）施行急救。

第二节 矿井通风系统

矿井通风系统是矿井通风方法、通风方式和通风网路的总称。通风方法是指通风机的工作方法，有抽出式、压入式及压入—抽出联合式等方法。通风方式是指进风与回风井筒的布置方式，有中央并列式、中央边界式、对角式及混合式等方式，通风网路是指风流流经井巷的连接形式，有串联、并联、角联及复杂连接等形式。

矿井通风系统是否合理，对整个矿井通风状况的好坏和能否保障安全生产起着重要的作用，同时对于基本建设和生产成本也有一定的影响。

一、主要通风机的工作方法

矿井主要通风机的工作方法有抽出式、压入式和压入—抽出联合式 3 种。

目前我国大部分矿井采用抽出式通风。这是因为抽出式通风在主要进风道无须安设风门，便于运输、行人，使通风管理工作容易。同时在瓦斯矿井采用抽出式通风，一般认为当主要通风机因故停止运转时，井下风流压力提高，在短时间内可以防止瓦斯从采空区涌出，比较安全。

压入式通风使用较少，主要因为矿井进风路线上漏风较大，通风管理工作较困难。压入式通风使井下风流处于正压状态，当主要通风机因故停转时，风压降低，又会使采空区瓦斯涌出量增加，造成瓦斯积聚。但是当开采煤田上部第一水平且瓦斯不太严重、地面塌陷区分布较广的矿井时，宜采用压入式通风（图 10-1）。因为此时可用一部分回风把塌陷区的有害气体压到地面，形成短路风流，可减轻主要通风机的负荷，节约电能。若用抽出式通风（图 10-2），会把塌陷区的有害气体吸到井下，影响工作面有效风量供给，而且地表新鲜风流漏入塌陷区裂缝时，更易引起煤炭自燃。

此外，当矿井火区比较严重时，如采用抽出式通风，易将火区中的有毒气体抽至巷道中，威胁安全时，可采用压入式通风。如不具备上述条件，则一般都采用抽出式通风。抽出式通风仍然是当前主要通风机基本的工作方法。

压入—抽出联合式通风，能产生较大的通风压力以适应大阻力矿井的需要，且使矿井

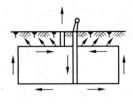

图 10 - 1 压入式通风

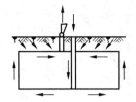

图 10 - 2 抽出式通风

内部漏风较小，但因为通风管理比较复杂，一般很少采用。

二、矿井通风方式

矿井的通风方式，根据进、出风井的布置形式不同，可分为以下几种。

1. 中央式

中央式是指出风井与进风井大致位于井田走向中央。根据出风井沿煤层倾斜方向位置的不同，又分为中央并列式与中央边界式两种：

（1）中央并列式：无论沿井田走向或倾斜方向，进、出风井均并列于井田中央，进、出风井并列布置在同一个工业广场内（图 10 - 3）。

（2）中央边界式（又名中央分列式）：如图 10 - 4 所示，进风井仍在井田中央，出风井在井田上部边界的中间，出风井的井底高于进风井的井底。为了满足一井提升煤，一井上、下人和提料的需要，以及为了便于水平延深，一般要在井田中央开掘两个进风井筒。

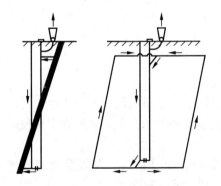

图 10 - 3 中央并列式通风

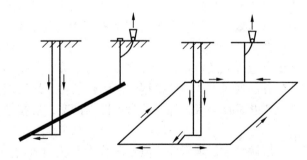

图 10 - 4 中央边界式通风

2. 对角式

进风井位于井田中央，出风井分别位于井田沿走向的两翼上。根据出风井沿走向位置的不同，又分为两翼对角式和分区对角式两种：

（1）两翼对角式：进风井位于井田中央，出风井位于井田浅部沿走向的两翼边界附近或两翼边界采区的中央（图 10 - 5）。

（2）分区对角式：进风井位于井田中央，每个采区开掘一个小风井回风（图 10 - 6）。

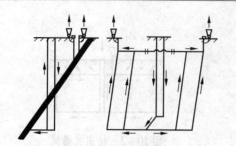

图 10-5　两翼对角式通风　　　　图 10-6　分区对角式通风

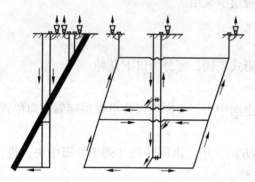

图 10-7　中央分列与两翼对角混合式通风

3. 混合式

混合式是老矿井进行深部开采时所采用的通风方式，一般进风井与出风井由 3 个以上井筒按上述各种方式混合组成，其中有中央分列与两翼对角混合式、中央并列与两翼对角混合式和中央并列与中央分列混合式等。图 10-7 为中央分列与两翼对角混合式通风，两个井筒位于井田中央，其中一个井筒进风，3 个出风井分别位于井田上部的走向中央与两翼边界上。

三、各种通风方式的比较

中央并列式的优点：地面建筑物集中，便于管理；2 个井筒集中，便于开掘、延深；井筒安全煤柱少，反风容易；初期开拓工程量少，投资少，出煤较快。其缺点是：风路较长，阻力较大，风压不稳定，通风电力费用较大，风机效率较低；由于进出风井距离太近，特别是井底漏风较大，容易造成风流短路，安全出口少。

中央边界式及对角式的优缺点，与中央并列式相反。

矿井的通风方式，应根据煤层赋存条件、煤层埋藏深度、井田面积、走向长度、地形条件及矿井瓦斯等级，煤层的自燃性等情况，从技术上、经济上和安全上通过方案比较确定。

煤层倾角大、埋藏深，但走向长度不大（小于 4 km），而且瓦斯、自然发火都不严重，地表又无煤层露头的新建矿井，采用中央并列式通风方式比较合理。

煤层倾角较小、埋藏较浅，走向长度不大，而且瓦斯、自然发火比较严重的新建矿井，适宜采用中央边界式通风方式。

煤层走向长度较大（超过 4 km）、井型较大，煤层上部距地表较浅，瓦斯和自然发火严重的新建矿井，或者瓦斯等级低，但煤层走向较长、井型较大的新建矿井，适宜采用两翼对角式通风方式。

瓦斯等级低，煤层自然发火性小，但山峦起伏，无法开掘总回风巷，且地面小窑塌陷区严重，煤层露头多的新建矿井，适宜采用分区对角压入式通风；高瓦斯等级，煤层自然性、发火性和煤尘爆炸性均较强，地面又起伏很大的矿井，适宜采用分区对角抽出式通风。为克服因多台风机分区并联运转的不稳定性，可利用采区上山兼作本采区的进风眼。

煤层埋藏深，井田规模大，瓦斯较多，煤层较多的老矿井，可采用混合式通风。

第三节　采区通风系统

每个矿井一般都有几个采区同时生产。每个采区内有采煤工作面、备用工作面、掘进工作和硐室（采区变电所和绞车房）等用风地点。采区通风的目的就是在矿井通风系统已经确定的条件下，保证采区各用风地点的风量。它对矿井的安全生产起到重要作用。

采区通风系统是采区生产系统的重要组成部分。它包括采区进风巷、回风巷和工作面进风、回风巷的布置方式；采区通风路线的连接形式，以及采区内的通风设备和通风设施设置等内容。瓦斯涌出量大的采区，通风系统要摆在突出位置。

一、采区通风系统的基本要求

确定采区通风系统时应满足的基本要求如下：

（1）采区必须有单独的回风巷，实行分区通风；采煤工作面和掘进工作面都要采用独立通风。除有瓦斯喷出和煤与瓦斯突出的矿井外，采区的采煤工作面之间、掘进工作面之间，以及回采与掘进工作面之间，独立通风确有困难时，可以采用串联通风。但必须保证串联风流中瓦斯和其他有害气体的浓度，以及浮尘浓度、气温、风速等必须符合《煤矿安全规程》的规定，并要采取相应的安全措施。

（2）对于必须设置的通风设施（风门、风桥、挡风墙和风筒等）和通风设备（局部通风机、辅助通风机等）要选择适当位置，保证安装质量，加强管理，使之安全运转。在有条件的矿井可建立一套反映风门开关、局部通风机运转和风流参数的采区遥测和遥信系统，以便及时发现和处理问题。

（3）要减小通风阻力，增强通风能力，使风流畅通稳定，保证各用风地点的风量。为此，特别要注意回风巷要有足够的设计断面，在日常生产中要加强维护，保持支架整齐，局部垮落或堵塞处要及时清理。

（4）要设置防尘管路、避灾路线、避难硐室和灾变时的风流控制设施，必要时还要建立瓦斯排放和抽放系统、防火灌浆和降温管路等。

二、采区通风系统

一般情况下，一个采区布置两条上山，一条是运煤上山，一条是轨道上山。

1. 采用运输上山进风、轨道上山回风的通风系统

该方式（图10-8）由于进风流方向与煤流方向相反，容易引起煤尘飞扬，使进风流的煤尘浓度增大。煤炭在运输过程中涌出的瓦斯，会使进风流瓦斯浓度升高，输送机所散发的热量，使进风流温度升高，影响工作面的安全卫生条件。此外，为了避免风流短路，须在轨道上山的下部车场内安设风门，但此处矿车通行频繁，需要加强管理，防止风流短路。

2. 采用轨道上山进风、运输上山回风的通风系统

采用这种通风系统（图10-9）虽然避免了上述通风系统的缺点，但输送机处于回风

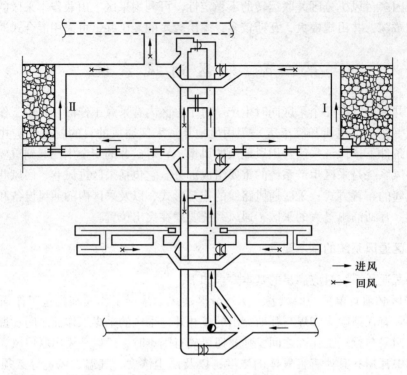

图 10-8   运输上山进风、轨道上山回风的通风系统

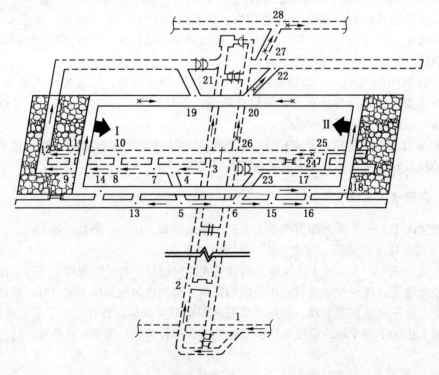

图 10-9   轨道上山进风、运输上山回风的通风系统

流中，轨道上山的上部和中部甩车场都要安装风门，风门数目较多；其中Ⅰ号和Ⅱ号工作面分别位于不稳定的风流 5~19 和 6~20 之中（角联风路），应采取措施，防止这两个工作面的风量和风向发生变化。

选择采区通风系统时应根据煤层赋存条件、开采方法，以及瓦斯、煤尘及温度等具体条件确定。一般认为，在瓦斯煤尘危险性大的采区，采用轨道上山进风、运输上山回风的采区通风系统较为合理。

三、采煤工作面的上行通风与下行通风

上行通风与下行通风是指风流方向与煤层倾斜的关系，而同向与逆向是指风流方向与煤炭运输方向之间的关系。当采煤工作面进风巷水平低于回风巷水平时，工作面风流沿倾斜方向向上流动是上行通风（图 10-10a），当进风巷水平高于回风巷水平时，工作面风流沿倾斜方向向下流动是下行通风（图 10-10b）。风流方向与煤炭运输方向一致时称为同向通风（图 10-10b），否则为逆向通风（图 10-10a）。实际上，在倾斜煤层中，上行同向和下行逆向通风方式都不存在，只有上行逆向和下行同向通风方式（以下简称为上行风和下行风）。

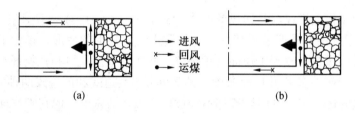

图 10-10　工作面上下行风示意图

这两种通风方式的优缺点如下：

（1）瓦斯比空气轻，其自然流动的方向和上行风的方向一致时，在正常风速（大于 0.5~0.8 m/s）下，瓦斯分层流动和局部积存的可能性较小。下行风的方向与瓦斯自然流动方向相反，瓦斯和空气混合的能力较大，在正常风速下，也不易出现瓦斯分层流动和局部积存的现象。

（2）煤炭在运输巷运输过程中所涌出的瓦斯，被上行风流带入工作面，而下行风流则把这部分瓦斯带入采区回风巷。就此而论，上行风比下行风工作面风流中的瓦斯浓度大。

（3）上行风与煤流逆向，所产生的煤尘受到逆向冲击，容易飞扬，而且运煤巷飞扬的煤尘，被上行风带入工作面，故上行风比下行风工作面风流中的煤尘浓度要大。

（4）在采煤工作面无论是上行风还是下行风，在进风流与回风流之间的能量差作用下，存在于顶板裂隙中的瓦斯都向回风巷流动，故回风巷比进风巷的顶板瓦斯涌出量大。采用下行风时，运输设备都置于回风巷，安全性较差。

（5）一般矿井采用上行风，采区进风流与回风流之间产生的自然风压和通风机的机械风压作用方向相同；采用下行风，则作用方向相反，故下行风比上行风所需要的机械风压大；而且，主要通风机一旦因故停转，工作面的下行风流就会出现停风和反向逆转的可

能。

(6) 工作面一旦起火，所产生的火风压和下行风工作面的机械风压作用方向相反，会使工作面的风量减小，瓦斯浓度增加，故下行风在起火地点瓦斯爆炸的可能性比上行风大。火风压较大时，会使下行风起火工作面的风流方向逆转，使有害的火灾气体侵入并联工作面。而上行风起火工作面的风流方向则不会逆转，但在并联工作面的风流路线上则会发生风流方向逆转和侵入火灾气体。因此，无论用上行风还是下行风，都要采取防止风流逆转和防止火灾气体侵入进风流的安全措施。

为了达到降温、降低瓦斯浓度和煤尘浓度等目的，国内外使用下行风的工作面，特别是综采工作面越来越多，都取得了较好的效果。有的矿区工作面使用下行风后，工作面回风流中瓦斯浓度降低 20%～50%，工作面风流中煤尘浓度降低到 10%，工作面的气温降低 2～5 ℃，工作面产量提高 50%～100%。但是，《煤矿安全规程》规定，煤层倾角大于 12° 的采煤工作面采用下行通风时，应当报矿总工程师批准，并遵守下列规定：采煤工作面风速不得低于 1 m/s；在进、回风巷中必须设置消防供水管路；有突出危险的采煤工作面严禁采用下行通风。

四、采煤工作面进风巷与回风巷的布置形式

长壁式采煤工作面进风巷与回风巷布置形式有 U、Z、H、Y、双 Z 和 W 等形式（图 10 – 11）。这些形式中 U 形是基本形式，其他形式都是 U 形的变形，是为了加大工作面长度，增加工作面供风量，改善工作面气象环境，防止采空区漏风和瓦斯涌出等需要而设计采用的。目前生产矿井多采用 U 形布置，其又可分为后退式和前进式两种。

U 形后退式的优点是：进回风流都不经过采空区，漏风少，但在工作面上隅角附近易于积存瓦斯，影响工作面的安全生产。在实际生产中可采取各种导风设施（导风板、风帘等）以改善 U 形通风系统。

如果采煤工作面产量大（2000～3000 t/d），瓦斯涌出量也大时，可增加进风巷的 Y 形和 H 形通风系统。这对于解决回风流的瓦斯浓度过高和积存有效果，但不能改善工作面的气象环境。这种通风系统要求工作面的上回风巷沿采区一翼全长预先掘好，且在回采期间始终维护。Y 形通风系统上部平巷的一段是进风巷，越过工作面后才作回风巷用。同时还需要在采区边界开一条为相邻两个采区共用的回风上山，故采区巷道的掘进量大，维护费用高。

采煤工作面风流的通过能力取决于工作面的有效断面和允许风速，而工作面有效断面大小与采用的支架和回采机械设备类型有关。例如综采工作面采高相同时，掩护式液压支架要比单体液压支柱的断面面积小 33%。因此，对于瓦斯涌出量大和采用综采机组的采煤工作面，当产量受到通风限制时，应在上、下区段平巷中增加第三条平巷（即中间平巷），形成双 Z 和 W 形通风系统。双 Z 形通风系统的中间平巷布置在上、下平巷的另一侧，开掘在煤层中或维护在采空区内。而 W 形通风系统的中间平巷与上下平巷都在一侧，全在煤层中或全维护在采空区内。这两种形式中，都有半个工作面是下行通风。

在相同条件下，工作面的供风量，W 形通风系统要比 U、Y 形通风系统增加一倍。瓦斯相对涌出量大时，W 形布置采煤工作面产量显著提高（如瓦斯相对涌出量为 80 m³/t，工作面有效断面面积为 5 m² 时，W 形通风系统的工作面产量比 U 形多 4 倍多）。

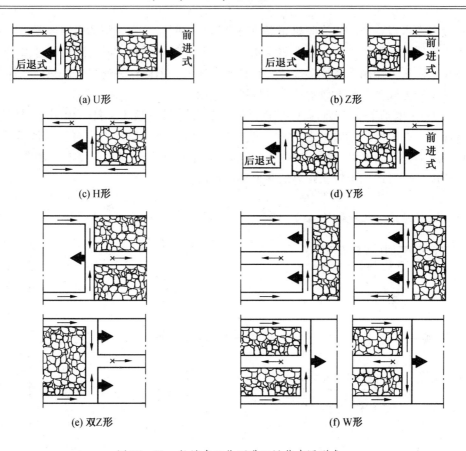

图 10-11　长壁式工作面进回风巷布置形式

由于供风量增加，气象环境得到改善。W 形通风系统的供风量增加，有利于稀释和吹散瓦斯，便于瓦斯抽放，即可在中间平巷内布置钻孔，抽放孔能打在预备抽放区域的中心，抽放率比 U 形的高 50%。

不过前进式 W 形通风系统，巷道维护在采空区内，漏风多，有效风率低。W 形后退式较前进式优越，它是解决综采工作面通风的重要措施。

第四节　掘　进　通　风

掘进巷道时，为了供给工作人员呼吸新鲜空气，并稀释掘进工作面的瓦斯及爆破后产生的有害气体和粉尘，必须进行通风。掘进巷道时的通风，叫作掘进通风。掘进通风的方法有总风压通风、引射器通风和局部通风机通风 3 种。

一、总风压通风与引射器通风

1. 总风压通风

掘进巷道时，利用矿井总风压通风的布置方法有以下几种：

（1）利用纵向风障通风。在掘进巷道中，安设纵向风障将巷道分成两部分，一部分进风，另一部分回风，如图 10-12 所示。风障材料以漏风少、经久耐用和就地取材为原则，一般多用木板、砖石和涂胶帆布等原料。为减少漏风，木风障的板缝要严密，并抹黄泥。用风障通风，送风距离一般在 200 m 以内，但若制作严密，通风距离也可以增加。纵向风障在矿山压力作用下将变形破坏，容易产生漏风。因此这种通风方法只能在地质构造稳定、矿山压力较小、长度较短的巷道掘进中使用。

（2）利用风筒通风。风筒通风是将风筒设置在进风巷道中，把风流引导到掘进工作面进行通风。在风筒入口处的巷道中，挂一风帘（图 10 – 13a），也可砌筑风墙或风门，风筒穿过风墙或风门安设（图 10 – 13b）。前者多用于初期开口、长度不大的联络巷和硐室掘进通风，后者适用于较长距离的巷道掘进通风。

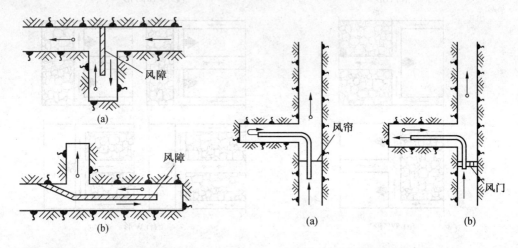

图 10 – 12　利用纵向风障通风　　　　图 10 – 13　利用风筒通风

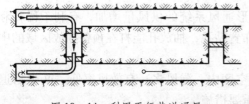

图 10 – 14　利用平行巷道通风

（3）利用平行巷道通风。当掘进巷道较长，采用纵向风障和风筒通风有困难时，可采用两条平行巷道通风，即采用双巷掘进的方法，在掘进主巷的同时，平行地掘一条副巷，两条巷道每隔一定距离用风眼贯通。利用矿井总风压使风流从一条巷道进入掘进工作面，而从另一条巷道流出。当前一个风眼贯通后，后一个风眼即行封闭。两条巷道的独头部分，可采用风筒或风障通风（图 10 – 14）。

这种方法虽然多掘一条巷道，但它可以不用局部通风机就使较长巷道通风连续可靠，安全性好。而且，平行巷道通风适用于有瓦斯、冒顶和透水危险的长巷掘进，特别适用于开拓布置中由于运输、通风和行人的需要，必须掘进两条并列的斜井、平巷或上下山的掘进中。

由上可知，利用矿井总风压通风，具有通风连续可靠和安全性好等优点。但这种方法要消耗矿井总风压。所以，这种通风方法仅适用于使用局部通风机不方便而通风距离又不太长的巷道掘进中。

2. 引射器通风

引射器通风（图 10 – 15），就是利用喷嘴 1 喷出高压流体（高压水或压气）时，在喷嘴射流的周围造成负压而吸入空气，并在混合管 2 内混合，将能量传递给被吸入的空气，使之具有通风压力，克服风筒阻力，达到通风的目的。

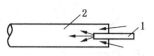

1—喷嘴；2—混合管

图 10 – 15　引射器

引射器通风一般都采用压入式（图 10 – 16）。从能量消耗看，压气引射器不经济，水力引射器比较好。水力引射器又叫水风扇（图 10 – 17）。

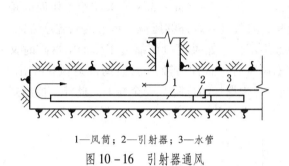

1—风筒；2—引射器；3—水管

图 10 – 16　引射器通风

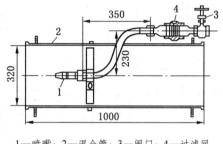

1—喷嘴；2—混合管；3—阀门；4—过滤网

图 10 – 17　水风扇

采用引射器通风的主要优点是无电气设备、无噪声、比较安全。若采用水力引射器通风，还能起到降温、降尘的作用。其缺点是供风量小，需要水源或压气，故引射器通风适用于需要风量不大的短巷道掘进通风。

二、局部通风机通风

局部通风机通风是我国矿井广泛采用的一种掘进通风方法。它利用局部通风机和风筒把新鲜风流送入掘进工作面。

局部通风机通风方式可分为压入式、抽出式和混合式三种。

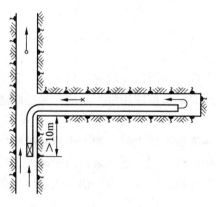

图 10 – 18　压入式通风

（1）压入式通风。压入式通风利用局部通风机将新鲜空气经风筒压入工作面，污风则由巷道排出（图 10 – 18）。

压入式通风的风流从风筒末端射向工作面，其风流的有效射程较长，可达 7～8 m，易于排出工作面的污风和粉尘，通风效果好。局部通风机安装在新鲜风流中，污风不经过局部通风机，因而局部通风机一旦发生电火花，不易引起瓦斯、煤尘爆炸，故安全性好。压入式局部通风机既可使用硬性风筒，又可使用柔性风筒，适应性较强。

压入式通风的缺点是工作面的污风沿独头巷道排往回风巷，不利于巷道中作业人员呼吸。为避免炮烟中毒，爆破时人员撤离的距离较远，往返时间较长。同时，爆破后炮烟由巷道排出的速度慢，时间较长，这就使掘进中爆破的辅助时间加长，影响掘进速度的提高。

（2）抽出式通风。抽出式通风与压入式通风相反（图 10 – 19）。新鲜空气由巷道进

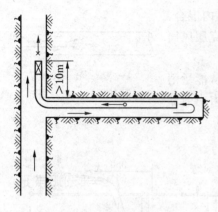

图 10 – 19　抽出式通风

入工作面，污风经风筒由局部通风机抽出。

抽出式通风，由于污风经风筒排出，能保持巷道工作面为新鲜空气，故劳动卫生条件较好。爆破时人员只需撤到安全距离即可，往返时间短。而且所需排烟的巷道长度，仅为工作面至风筒吸风口的长度，故排烟速度快，爆破的辅助时间短，有利于提高掘进速度。但是，由于风筒末端的有效吸程比较短，一般只有 3～4 m，如风筒末端距工作面的距离较长，有效吸程以外的风流，将形成涡流停滞区，通风效果不良。如果把风筒靠近工作面，爆破时又容易崩坏风筒，而且污浊风流经局部通风机排出，一旦由于电路漏电或防爆失效，有引起瓦斯、煤尘爆炸的危险，安全性差。此外，抽出式通风只能使用铁风筒，不能使用柔性风筒，适应性较差。

（3）混合式通风。混合式通风就是把上述两种通风方式同时混合使用。新鲜风流利用压入式局部通风机和风筒压入工作面，而污风则由抽出式局部通风机和风筒排出（图10 – 20）。

混合式通风既有压入式通风有效射程长、通风效果好的优点，又有抽出式通风巷空气不受污染、排烟快的优点。但是这种通风方式也有严重的缺点，不但抽出式局部通风机有引起瓦斯、煤尘爆炸的危险，而且压入式局部通风机设于独头巷道中，在有瓦斯、煤尘积聚的情况下，开动局部

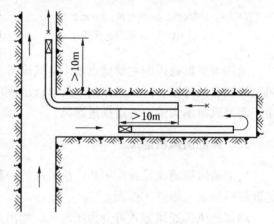

图 10 – 20　混合式通风

通风机也有引起瓦斯、煤尘爆炸的危险。而且，混合式通风要多一套局部通风机，电能消耗大，管理较复杂。

综上所述，压入式通风设备简单、效果好、安全性高。因此，这种通风方式，无论有无瓦斯，也不管通风距离长短，都可应用。它是我国煤矿目前应用最广泛的一种局部通风机通风方式。

在无瓦斯爆炸危险的独头巷道掘进中，特别在巷道断面较大时，为了迅速冲淡和排除炮烟，可采用混合式通风。过去，长巷道掘进多采用这种方式。近年来，由于压入式单孔长距离通风技术的发展，混合式通风在长巷道掘进中应用也较少。由于抽出式通风安全性差，在煤矿中很少应用。

第五节　通　风　设　施

因为生产的需要，井下巷道总是纵横交错，彼此贯通的。所以，为了保证风流按拟定的路线流动，就必须在某些巷道内建筑相应的通风设施对风流的路线进行控制。

一、风门

风门是常见的通风设施，安设在既要隔断风流又要通车行人的巷道内。风门的门框固定在门墙墙垛上，而门墙墙垛要嵌入岩帮。墙垛可用砖、石、木段和水泥砌筑。

按其材料的不同，风门可分为木材、金属材料、混合材料等3种。按其结构不同，可分为普通风门和自动风门2种。自动风门中按其动力不同，又可分为撞杆式、水压式、气动式、电动式4种。水压、气动、电动自动风门的电源触动开关，可采用无触点光敏电阻（光电管）或超声波电路开关，使风门的动作更加灵活、可靠。

图10-21　普通沿口风门

在只行人不通车或者车辆稀少的巷道内，可设置普通风门。图10-21是木制单扇沿口风门。其特点是门扇与门框呈斜面接触，结构严密、漏风少。

在车辆通过比较频繁的巷道内应设置自动风门。撞杆式自动风门的结构简单，动作可靠。如图10-22a所示，车辆挤压撞杆把门打开，矿车通过之后，风门借自重关闭。另外，井下常用的还有一种单扇门撞杆式自动风门（图10-22b）。其所有传动连接部均为轴连接、撞杆滑道及三角传动架，均固定在相应的固定柱上，图10-22中的虚线部分为风门全部开启时各部件的相对位置，实线部分为风门全部关闭时各部件的相对位置。此外，还有用压气、压力水、电动机作动力的各种不同结构的自动风门。

风门应成对设置，两道风门的间距不得小于5 m。在有电机车通过的巷道内，间距不得小于一列车的长度。门扇应迎风开启；门框应顺风向前倾斜成80°～85°的倾角，使风门能借自重关闭。自动风门应有出故障时可以手工操纵及避免因风门故障而导致发生事故的安全措施。

二、密闭墙（挡风墙）

在不允许风流通过，也不允许行人行车的井巷，如采空区、旧巷、火区以及进风与回风大巷之间的联络巷，都必须设置密闭墙，将风流截断，以免造成漏风、风流短路以及引起自然发火或火区内火势扩大、有害气体扩散等。

按结构及服务年限的不同，密闭墙可分为两类：

（1）临时性密闭墙。临时性密闭墙一般是在立柱上钉木板，木板上抹黄泥建成的临时性密闭墙。当巷道岩压不太稳定，且密闭墙的服务年限不长（2年以内）时，可用长度约1 m的木段和黄泥等材料建筑。这种密闭墙的特点是：可以缓冲顶板压力，使密闭墙不产生大量裂缝，从而减少漏风，但在湿度较大的巷道里（尤其是回风巷道）容易腐烂。

（2）永久性密闭墙。永久性密闭墙在服务年限为2年以上时使用。密闭墙材料一般为砖、石、砂、水泥等，巷道压力大时，可用混凝土建筑。为了便于检查密闭区内的气体成分及密闭区内发火时便于灌浆灭火，密闭墙上应设有观测孔和注浆孔，密闭区内如有水时，应设置放水管或反水沟，排出积水。为了防止放水管在无水时漏风，放水管一端应制成U形，保持水封。密闭墙的结构如图10-23所示。

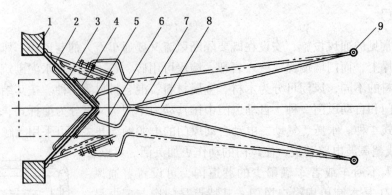

1—门框；2—风门；3—护门撞杆；4—滑道；5—滑滚；
6—矿车边缘线；7—撞杆；8—轨道中心线；9—固定柱

（a）双扇门撞杆式自动风门

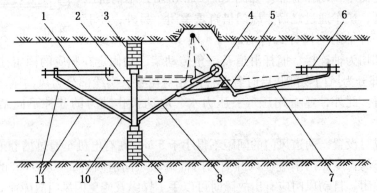

1、6—撞杆滑道；2—风门；3、9—风门墙垛和门框；4—固定柱；
5—三角传动架；7、10—撞杆；8—传动杆；11—轨道

（b）单扇门撞杆式自动风门

图 10-22 自动风门

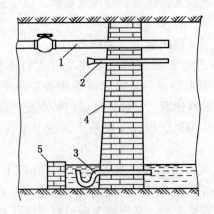

1—瓦斯排放管（注浆管）；2—观察孔管；3—放水孔管；4—密闭墙；5—挡水墙

图 10-23 密闭墙的结构

三、风桥

风桥是将两股平面交叉的新鲜风流、污风流隔成立体交叉的一种通风设施，污风从桥上通过，新鲜风流从桥下通过。

根据结构特点不同，风桥可分为 3 种：

（1）绕道式风桥（图 10-24），当服务年限很长，通过风量为 20 m^3/s 以上时，可以采用。

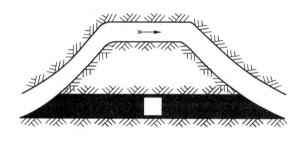

图 10-24 绕道式风桥

（2）混凝土风桥（图 10-25），当服务年限较长，通过风量为 10~20 m^3/s 时，可以采用。

（3）临时风桥。临时风桥常使用铁筒风桥（图 10-26），当服务年限很短，通过风量为 10 m^3/s 以下时，可以采用。

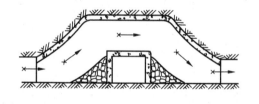

图 10-25 混凝土风桥

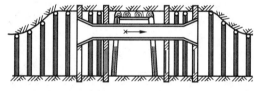

（铁筒风桥）

图 10-26 临时风桥

四、调节风窗

调节风窗是控制风量的构筑物。它是在风门的上方开一个矩形孔口，改变孔口面积就能调节通过的风量。

第四部分

中级矿井防尘工技能要求

第十一章 粉尘尘源分析

第一节 粉尘的概念及性质

一、煤矿中有关粉尘的名词术语

在煤矿粉尘防治工作中，常用到许多有关粉尘的名词术语，其概念介绍如下：

（1）煤矿粉尘：煤矿在生产过程中随着煤岩石被破坏而产生的煤岩石及其他物质的微粒的统称。

（2）浮游粉尘：能在矿井空气中悬浮的粉尘。

（3）沉积粉尘：因自重而沉降在巷道、硐室周边，以及支架、材料和设备等上面的粉尘。

（4）全尘（总粉尘）：飞扬在井下空间的含有各种粒径的粉尘。

（5）呼吸性粉尘：能被吸入人体肺部并能滞留于肺泡内的微细粉尘。一般情况下，粒径大于100 μm 的尘粒在大气中会很快沉降，大于10 μm 的尘粒可以滞留在呼吸道中，$5 \sim 10$ μm 的尘粒大部分会在呼吸道沉积，被分泌的黏液吸附。可以随吐痰排出，小于5 μm 的微粒能深入肺部，引起各种尘肺病。

（6）可见粉尘：粒径大于10 μm，肉眼能看见的粉尘。

（7）显微粉尘：粒径为0.25 $\sim$ 10 μm，在光学显微镜下可以看见的粉尘。

（8）超显微粉尘：粒径小于0.25 μm，在电子显微镜下可以看见的粉尘。

（9）爆炸性煤尘：悬浮在空气中的煤尘云，在一定浓度和有引爆热源条件下能发生爆炸的煤尘。

（10）岩粉：能飞散、浮游的岩石粉末，其中可燃物的含有率不超过5%，游离二氧化硅的含有率不超过10%，P_2O_5 的含有率不超过0.01%，并且不含有砷等有害或有毒物质，岩粉的粒度必须全部小于0.3 mm，其中70%以上的小于0.075 mm。它是防止和隔绝瓦斯煤尘爆炸的消焰剂。

（11）粉尘分散度：各粒径区间的粉尘数量或质量分布的百分比。

（12）粉尘浓度：单位体积的空气中所含粉尘的质量（mg/m^3）或数量（粒/cm^3）。

（13）游离二氧化硅：即结晶型的二氧化硅。

（14）气溶胶：固体或液体微小颗粒分散于空气中的分散体系称为气溶胶。根据气溶胶形成的方式和方法不同，它可分为固态分散性气溶胶、固态凝集性气溶胶、液态分散性气溶胶和液态凝集性气溶胶四种类型。分散性气溶胶是固体或液体物质在破碎或气流通过时，或在采掘、爆炸、振荡等作用下，形成的固体小颗粒和液体小滴悬浮于空气中而成的。凝集性气溶胶是由过饱和蒸气凝集而成的，如过饱和水蒸气遇冷形成的雾滴等。

二、煤矿粉尘的性质

煤矿粉尘的性质既与粉尘对人体危害的生物学作用有关，也与在生产工作面采用的防尘、降尘措施有关，现介绍如下。

（一）粉尘分散度

如前所述，在煤炭生产中，煤尘是采煤过程中煤体破碎产生的，岩尘是岩石破碎产生的。粉尘颗粒有大有小，用分散度来表示这些粉尘粒径大小的组成情况，即分散度反映了固体物质被粉碎的程度。空气中粉尘由较小的粒子组成时，表示分散度高；由较大的粒子组成时，则表示分散度低。一般用 μm 来度量粉尘粒径。

1. 粉尘分散度对浮游时间的影响

分散度的大小直接影响粉尘在空气中的沉降速度。粉尘的沉降速度决定于方向相反的两个力之间的相互作用，即粉尘颗粒的重力与粉尘粒子跟空气接触之间的摩擦力，这种摩擦力与下降的重力形成阻抗。实践证明：当粉尘粒径大于 $10~\mu m$ 时，随着重力加速度的增大，摩擦阻力也相应增大，但此时重力大于摩擦阻力，故尘粒以逐渐增大的速度向下沉降；当粉尘粒径小于 $10~\mu m$ 时，其沉降速度达到一定程度，重力与摩擦阻力趋于平衡，此时尘粒向下沉降的重力加速度消失，而以等速度下降；当粉尘粒径小于 $0.5~\mu m$ 时，很难降落，在空气中的运动轨迹近于布朗运动，浮游在空气中的时间很长（表 11 - 1）。

表 11 - 1　不同粒径的岩尘和煤尘在静止空气中的沉降速度

粒径/ μm	岩尘沉降速度/($mm \cdot s^{-1}$)	煤尘沉降速度/($mm \cdot s^{-1}$)
100	786	398
10	7.86	3.98
1	0.0786	0.0398
0.1	0.000786	0.000398

2. 粉尘分散度对呼吸道侵入和阻留的影响

粉尘分散度越高，在空气中浮游的时间越长，由呼吸道侵入体内的机会也就越多；相反，粉尘分散度越低，在空气中易于向下沉降，侵入体内的机会也就越少。

粉尘进入人体呼吸道，由于人体的防御功能，如上呼吸道鼻腔的鼻毛、呼吸道的生理弯曲、呼吸道黏膜的黏性分泌物等，使随气流吸入呼吸道的粉尘绝大部分通过撞击、黏附而被阻留在上呼吸道。这种方式的阻留量与粉尘的分散度有密切关系，粒径大于 $10~\mu m$ 的粉尘，由于质量大、沉降速度快，在上呼吸道的阻留率很高，易于撞击而阻留在沿途管壁上，不能到达肺泡；粒径为 $2 \sim 10~\mu m$ 的粒子，特别是 $5~\mu m$ 和 $5~\mu m$ 以下的尘粒，由于重力沉降作用逐渐减小，进入中、小支气管后，分支增多，气流速度因此递减，尘粒可随气流进入呼吸道深部，大部分可黏附、沉着在中、小支气管的黏膜壁上。其中一部分，主要是粒径为 2 μm 和 2 μm 以下的尘粒可以到达肺泡；粒径小于 2 μm 以下的粉尘粒子，尤其是小于 0.5 μm 的尘粒，由于扩散作用，大部分仍随气流呼出体外，在终末、呼吸性支气管、肺泡管及肺泡囊内沉积减少，粉尘直径为 0.2 ~ 0.3 μm 的粒子，约有 80% 又重新呼出。粒径小于 0.2 μm 的粒子，其质量小得使重力失去作用，由于扩散的能力与粒子比重无关，但与粒径成反比，这样扩散速度加大，增加了与肺泡壁撞击的概率。粒径小于 0.2 μm 的粒子主要靠扩散沉积在肺泡内。

在煤炭生产中，粉尘在呼吸道不同部位的阻留机会还应考虑粉尘本身的一些特性。例如煤尘较岩石粉尘的密度小，颗粒同样大小的煤尘与岩尘，密度大的岩尘较易于沉降，惯性撞击力也大些；煤尘中含有机成分比岩尘多，破碎中产生非球形粒子的概率比岩尘大，而同样大小的尘粒，非球形的粒子与空气接触的面积大，也能影响粉尘在呼吸道的阻留。

3. 粉尘分散度对人体的致病性

通过试验性硅肺的研究，认为质量相同而分散度不同的粉尘粒子，在肺组织内引起病变的严重程度和致病能力有差异。生产环境空气中直径为 5 μm 以下的尘粒是引起尘肺的主要有害粉尘。我国煤炭生产中多采用风镐和电钻作业，工作面空气中悬浮的尘粒直径多在 0.5 ~ 10 μm 之间，直径为 2.5 μm 以下的约占 60% 以上，直径为 7 μm 以上的较大尘粒在肺泡内几乎看不到。

（二）粉尘的吸附性

粉尘的吸附能力与粉尘颗粒的表面积有密切的关系，表面积与分散度呈正比例关系，即粉尘分散度越大，表面积也越大。粉尘颗粒随表面积的增大其吸附能力也增强。

1. 吸湿性

吸湿性是指粉尘颗粒对水分的吸附。液体能向固体表面扩散，是由于固体表面张力大于固体与液体间的界面张力及液体表面张力之和，故粉尘被润湿。粉尘的吸湿性与粉尘的成分、结构有关；粉尘可以分为亲水性粉尘与疏水性粉尘两大类。对于直径为 5 μm 以下的尘粒，即使是亲水性粉尘，也必须在尘粒与水雾有较高的相对速度条件下才能被润湿。

粉尘的吸湿性与生产环境的微气候条件也有关联，吸湿性可随气压升高而增大，随温度上升而下降。

在煤矿生产中，粉尘的吸湿性被广泛利用于湿式作业，如湿式打眼、水炮泥、洒水喷雾、煤体注水等。但由于粉尘颗粒对周围介质的气体吸附能力很强，往往在粉尘产生的同时，便吸附了气体分子，在表面形成一层薄膜，阻碍了对水分的吸附能力，增加了气溶胶的稳定性。生产中采用煤体注水，利用固体物质在粉尘未形成以前与水的接触进行预湿润，或在工作面采用水雾，增加与粉尘粒子的接触面积，有助于粉尘的重力沉降作用。

2. 吸油性

在生产中由于各种机械设备，如采煤机组、风镐、电钻都加有润滑油，随着机械的运转与压缩风流的喷射，这些润滑油亦可以形成雾状悬浮在生产环境空气中，部分粉尘对它亦有吸附性。这些油雾可干扰粉尘浓度的测定，而且由于油的憎水性，吸附油雾的粉尘阻碍对水分的吸附，干扰了水雾的除尘效果。用水打眼可减少或消除油雾的影响。

3. 吸毒性

吸毒性主要是指粉尘对有毒气体的吸附，如对一氧化碳、氮氧化物等的吸附。有文献记载，在爆破后沉降的粉尘中，按质量计算，有 0.012%～0.018% 吸附了氮氧化物，从而增加了粉尘对人体的危害。

（三）粉尘的溶解性

粉尘的溶解性对人体有一定的危害。对人体作用的主要是机械刺激性粉尘，其粒子的溶解性越大，对机体的危害性越小。一些游离二氧化硅含量较高的矿物性粉尘，对人体的致纤维化作用很强。我国煤矿岩巷掘进工作面粉尘中的游离二氧化硅含量一般都在 10% 以上，最高可达到 80%，多数在 30%～40% 之间。有人认为游离二氧化硅含量较高的粉尘进入人体后，在体内存留时间较长，可能缓慢溶解。溶解后在体内形成胶体硅酸，对细胞蛋白质有毒害作用，引起肺组织的纤维性变。

（四）粉尘的荷电性

粉尘的荷电性主要是由机械摩擦产生的，如煤炭生产中的采煤与凿岩中，高速旋转的钻头与岩、煤的摩擦，使产生的粉尘表面带有电荷。粉尘浮游在空气中，亦可直接吸附空气中的电离子而荷电。粉尘的荷电性受很多因素的影响，温度升高时荷电增加生产性粉尘的危害作用。

（五）粉尘的安息角

粉尘的安息角是指粉尘自由地倾倒在平板上形成圆锥体的母线同平面之间的夹角。多数粉尘的安息角平均值约为 35°。粉尘粒径越小，含水率越高，安息角也越大，反之，则安息角越小。粉尘安息角与积尘在一些平面上的稳定性有关。

（六）粉尘的化学组成

在煤炭生产中，尤其是煤矿井下工作面空气中的粉尘成分较复杂，是一种混合性粉尘，其中有来自煤炭、岩石的尘粒，有炮烟和油雾，有钎头及其他金属部件磨损后的金属微粒，有木料及其他有机纤维物质的散落等，但主要是煤岩尘粒。煤尘与岩尘本身又有复杂的化学成分，据检测，空气中悬浮粉尘的主要化学成分与原煤岩石基本相同，除有些挥发性、蒸发性物质可能减少外，其余相差不大。这些成分中对人体危害最大的是游离二氧化硅，可导致人体肺组织纤维性变，且吸入的量越多，致纤维化程度越严重。至于其他成分，无论是金属或非金属物质，对肺组织没有明显致纤维化作用，危害较小。

在煤炭生产中，由于工人接触不同性质的粉尘，危害程度也不一样。岩石掘进工作面工人主要接触岩石粉尘，游离二氧化硅的含量较高，对工人的危害性也较大。在煤矿围岩顶底板中，游离二氧化硅中砂岩含量为 33%～76%、砂质页岩含量为 47%～53%、泥质页岩含量为 2.6%～26%、玄武岩含量为 5.5%～18.4%，总之，煤矿围岩中游离二氧化硅含量一般都为 10% 以上。采煤工作面工人主要接触煤尘，煤尘中游离二氧化硅的含量多为 5% 以下。在一些贫煤或劣质煤炭中，由于含矸石量大，二氧化硅的含量可能为 5% 以上，个别褐煤煤尘中也可达 10% 以上。总之，煤尘的致纤维化能力较低，对工人的危害性也相对较小。井下一些辅助工种和采掘混合工种，或井下开拓区，掘进巷道有岩石也有煤层，操作工人既接触岩尘，也接触煤尘，在煤矿中这类情况颇为多见，其危害程度主要与接触岩石粉尘的量与时间长短有关。

第二节 粉尘的产生及影响因素

一、粉尘的产生

井下粉尘的主要来源是生产过程中煤（岩）体的破坏、碎裂产生的粉尘，煤层及围岩中由于地质作用生成的原生粉尘是井下粉尘的次要来源。

井下粉尘的产生量，在采掘工作面最高，其次为运输系统中的各转载点，因煤和岩石遭到进一步破碎，也会产生相当数量的粉尘。在煤矿生产中几乎所有的工序，包括采掘、运输、提升等过程，均能产生粉尘，其中凿岩、打眼、爆破、落煤、放顶等工序生成的粉尘最多。

二、粉尘在井下存在的状态

煤矿井下各生产环节形成的粉尘，一般是一种不均质、不规则和不平衡的矿物微粒，它呈复杂运动状态悬浮于空气中，随风流而飘动，一部分被风流带出矿井，而大部分却留在矿井内。随着时间的延长，在井下各处的粉尘的存在状态又可分为两种：浮游粉尘和沉积粉尘。

（1）浮游粉尘（浮尘）。悬浮飞扬在煤矿井下空气中的粉尘，其粒度（D）小于 1 μm。

（2）沉积粉尘（落尘）。从矿井的空气中沉降在巷道四周的和巷道中各种堆积物上的粉尘，其粒度（D）大于 10 μm。

浮尘和落尘的存在状态不是绝对不变的，浮尘因受自重的作用可以逐渐沉降变成落尘，而落尘受到外界条件的干扰，又可再次飞扬变成浮尘。浮尘在空气中的飞扬时间，取决于粒度、密度、形状。同时还受空气的温度、湿度、风速的影响。所以粒度大的沉降在靠近尘源处，粒度小的沉降在远离尘源处，粒度再小的甚至不沉降（粒度小于 1 μm 的粉尘几乎不沉降）。不同粒度的煤尘在静止的空气中从 1 m 高处自由降落到底板所需的时间见表 11-2。

表 11-2 粉尘降落所需时间表

粉尘粒度/μm	100	10	1	0.5	0.2
降落时间	2.6 s	4.4 min	7 h	22 h	92 h

当落尘受到机械振动、暴风冲击，以及巷道中风速的变化等外界条件干扰时，它可再次飞扬，又成为浮尘。其风速的变化与粉尘粒度的关系见表 11-3。

表 11-3 落尘变成浮尘风流的变化与粉尘粒度的关系

粉尘粒度/μm	75～105	35～75	10～35
吹扬风速/(m·s⁻¹)	6.3	5.29	3.48

三、影响粉尘产生的因素

1. 自然条件

（1）矿田地质构造复杂，断层、褶皱比较多，岩层和煤层遭到破坏的地区，开拓、开采时，粉尘的产生量最大。

（2）煤层的倾角越大，厚度越大，采掘过程中煤尘的产生量越大。

（3）煤质脆、节理发育、结构疏松、水分少的煤层，开采时，煤尘的产生量大。

2. 采掘条件

（1）采掘机械化程度高，采掘强度大时，粉尘的产生量大。由于滚筒采煤机组的广泛应用，生产的高度集中，产量大幅度上升，使煤尘的产生量增加。据统计，炮采工作面空气中的含尘量一般为 $400 \sim 600 \ mg/m^3$。干打眼的全岩石掘进工作面空气中的含尘量为 $800 \sim 1400 \ mg/m^3$。机采工作面的含尘量有时高达 $8000 \ mg/m^3$ 以上。

（2）生产的集中化程度。生产的集中化使矿井的采掘工作面的个数减少，采掘推进速度加快，人和设备集中，其结果是在较小的空间内产生较多的粉尘。

（3）采煤的方法不同，生成煤尘的量不一样。例如，急倾斜煤层采用倒台阶采煤法比水平分层采煤法生成的煤尘的量大，在缓倾斜煤层中，全面冒落采煤法比充填采煤法生成的煤尘的量大。

（4）通风的状态不同，空气中的粉尘量也不同。矿井中的风量和风速会直接影响到井下空气中粉尘的含量。如果风速过小，就不能把井下生产各工序中飞扬到空气中的粉尘吹走，使粉尘在空气中的含量增大；若风速过大，又把落在巷道周围的粉尘吹起，同样增大空气中的含尘量。因此，风速也是影响井下空气中含尘量的重要因素之一。

综上所述，粉尘主要是在生产过程中形成的，而地质作用生成的粉尘是次要的。从粉尘的产生量来看，采掘工作生成的粉尘最多。在机械化采煤的矿井中，70% ~ 85% 的煤尘是由采掘工作产生的，其次是运输系统各转载点。因此，进行防尘工作，就要抓住上述各环节，采取有效措施，使矿井的粉尘浓度达到国家规定的卫生标准。

第三节　粉尘尘源分析及综合防尘措施

一、粉尘尘源分析

（1）首先了解和掌握生产过程中的各环节、各工序的工作状况，在生产的第一现场观察了解粉尘产生的现状。

（2）通过对粉尘检测报表的了解，进一步掌握井下各产尘地点的粉尘浓度。

（3）针对井下产尘地点的粉尘浓度及对现场情况的掌握，从以下几个方面进行分析研究，并针对产尘状况提出相应的防尘措施和建议。

①了解产尘地点的地质结构状况、煤层的倾角大小和煤层的厚度情况，以及煤（岩）性质，从尘源产生的自然条件方面进行分析研究。

②分析了解生产设备的性能及使用情况，是否符合《煤矿安全规程》及有关质量标准的要求。

③了解生产工序是否按照有关规程规定进行施工。

④对产尘工作场所的通风状态进行了解和掌握，从通风方式、风量等方面进行分析研究，其通风方式是否合理，是否达到了最佳风速等。

⑤了解防尘措施的落实情况，对防尘措施落实是否到位，防尘设施是否齐全完好，是否使用正常等问题进行分析。

⑥针对粉尘尘源的分析研究，提出合理的防尘措施。

二、井下各产尘场所的综合防尘措施

1. 矿井综合防尘措施

井下综合防尘措施如下：

（1）建立完善的防尘洒水管路系统。

（2）煤层注水。

（3）喷雾洒水。

（4）风流净化。

（5）爆破用水炮泥。

（6）冲洗巷帮。

（7）湿式打眼。

（8）采空区灌水。

（9）隔爆岩粉棚、水棚。

（10）刷白巷道。

（11）个体防护。

2. 炮采工作面防尘措施

（1）煤层注水。

（2）湿式打眼，爆破前后洒水。

（3）输送机转载点喷雾洒水。

（4）爆破使用水炮泥。

（5）工作面进回风巷冲洗巷帮。

（6）风流净化。

（7）隔爆水棚、岩粉棚。

（8）个体防护。

3. 机械化采煤工作面防尘措施

（1）煤层注水。

（2）割煤机内外喷雾。

（3）架间喷雾。

（4）在放顶煤综采的后部放煤口喷雾洒水。

（5）输送机转载点喷雾洒水。

（6）工作面进回风巷冲洗巷帮。

（7）风流净化。

（8）隔爆水棚、岩粉棚。

（9）个体防护。

4. 掘进工作面防尘措施

（1）湿式打眼。

（2）爆破喷雾。

（3）爆破使用水炮泥充填。

（4）装矸（煤）洒水。

（5）冲洗岩帮。

（6）净化风流。

（7）隔爆水棚、岩粉棚。

（8）个体防护。

5. 转载及运输防尘主要要求

（1）刮板输送机及带式输送机的转载落差，均不得超出 0.5 m，如果超出，则应安装适合的溜槽或导向板。

（2）煤仓放煤口距矿车上边缘的距离不得大于 0.4 m。

（3）在装煤点下风侧 20 m 内，应设置一道净化风流的水幕。

（4）运输大巷中应安设自控式净化风流的常开水幕。

（5）载煤矿车向煤仓卸煤时，应采用自动喷雾装置。

第十二章　区域防尘系统图及防尘管路系统的故障处理

第一节　区域防尘系统图

建立区域防尘系统并绘出区域防尘系统图。

一、区域防尘系统图的基本内容

区域防尘系统图是反映井下某一区域综合防尘管路系统、防尘设施、隔爆设施的安设布置图，它可以是某一采煤工作面、某一掘进工作面或其他工作地点的防尘系统安装布置图。区域防尘系统图是根据井下实际工作情况进行绘制的。它通常可按一定比例绘制成正规图纸或绘制成示意图。如某一掘进工作面的防尘系统图，图纸式样如图 12－1 所示；综采放顶煤工作面防尘系统图如图 12－2 所示。

1. 区域防尘系统图的绘制内容

（1）防尘管路、三通阀门，同时在管路敷设的相对位置标注出规格、长度尺寸等。

（2）各类防尘设施、隔爆设施。

（3）设施明细表（或图例表）。

（4）图纸说明栏。

（5）图纸标题。

2. 各类防尘设施及隔爆设施的图形符号

（1）防尘管路。采用单线条或者双线条绘制，金属管路可采用直线条，橡胶管路可采用曲线条绘制。管路的规格及长度在明细栏内（或图例中）注明。

（2）其他设施可采用规定的图例符号绘制（图 12－1b 右下角防尘系统图例表），也可采用设施的象形符号进行绘制，但象形符号所表示的设施必须在图纸上用引线进行标注序号（图 12－1a 右下角防尘设施明细表），其名称在设施明细栏内注明。

（3）在图 12－1b 中，尚未包括的图例符号还有：

①隔爆设施用 ⌣ 表示。

②转载喷雾设置用 ⋈ 表示。

3. 明细表各栏目的填制内容

（1）序号。

（2）名称。

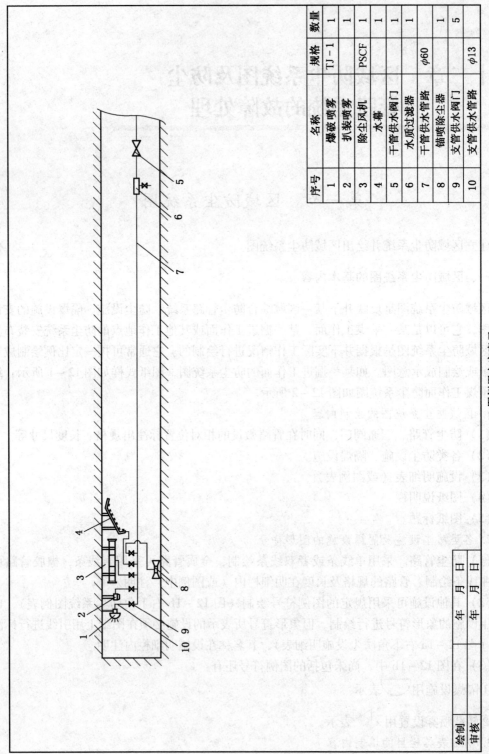

序号	名称	规格	数量
1	爆破喷雾	TJ-1	1
2	扒装喷雾		1
3	除尘风机	PSCF	1
4	水幕		1
5	干管供水阀门		1
6	水质过滤器		1
7	干管供水管路	φ60	1
8	锚喷除尘器		1
9	支管供水阀门		5
10	支管供水管路	φ13	

(a) 图例用文字表示

				年	月	日
绘制						
审核				年	月	日

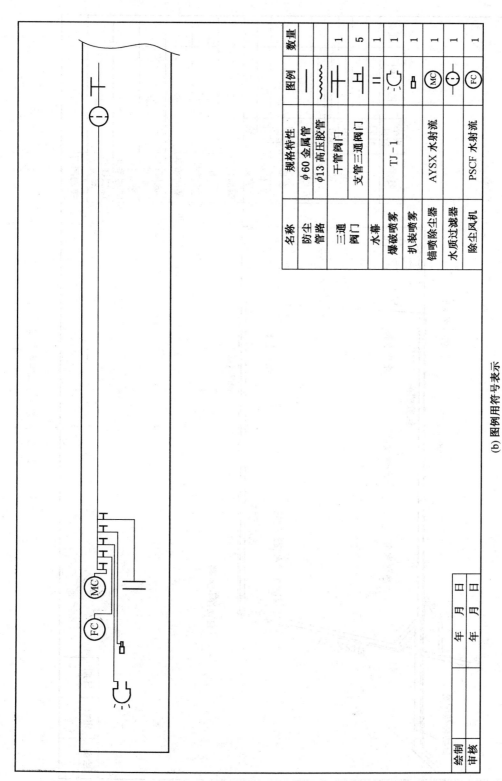

名称	规格特性	图例	数量
防尘管路	φ60 金属管		
	φ13 高压胶管		
三通阀门	干管阀门		1
	支管三通阀门		5
水幕			1
爆破喷雾	TJ－1		1
扒装喷雾			1
锚喷除尘器	AYSX 水射流	MC	1
水质过滤器			1
除尘风机	PSCF 水射流	FC	1

绘制		年	月	日
审核		年	月	日

(b) 图例用符号表示

图 12－1　掘进工作面防尘系统示意图

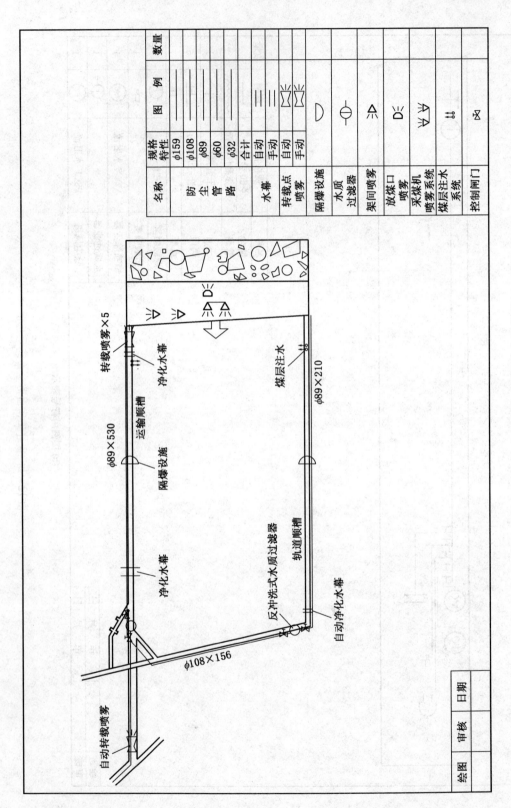

名称	规格特性	图例	数量
防尘管路	φ159		
	φ108		
	φ89		
	φ60		
	φ32		
	合计		
水幕	自动		
	手动		
转载点喷雾	自动		
	手动		
隔爆设施			
水质过滤器			
架间喷雾			
放煤口喷雾			
采煤机喷雾系统			
煤层注水系统			
控制闸门			

图 12-2　综采放顶煤工作面防尘系统图

自动转载喷雾
净化水幕
φ108×156
反冲洗式水质过滤器
自动净化水幕
轨道顺槽
φ89×210
煤层注水
转载喷雾×5
净化水幕
运输顺槽
φ89×530
隔爆设施

| 绘图 | | 审核 | | 日期 | |

（3）规格型号。

（4）数量。

明细表的绘制式样格式见表12-1。

4. 系统图例表各栏目的填制内容

（1）名称。

（2）规格特性。

（3）图例符号。

（4）数量。

图例表的绘制式样格式见表12-2。

5. 图纸说明栏的主要内容及格式

（1）绘制人及签字。

（2）审核人及签字。

（3）绘制、审核时间。

其格式见表12-3。

表12-1　明　细　表

序号	名称	规格型号	数量

表12-2　图　例　表

××防尘系统图例			
名称	规格特性	图例符号	数量

表12-3　图纸说明栏

项目	签字人	日　期	
绘制		年　月	日
审核		年　月	日

二、防尘系统图的主要作用

（1）了解井下区域防尘设施、隔爆设施、防尘管路及三通阀门的位置，以便系统发生故障时能够及时处理。

（2）对井下防尘管路、三通阀门、防尘设施、隔爆设施的安设位置、安设数量的合理性进行分析研究，以便及时纠正设施设置的不合理现象。

（3）作为编制通防计划和灾害预防处理计划的基础资料。

三、防尘系统图的绘制与识读

1. 区域防尘系统图的绘制要求

（1）绘制图纸前应认真了解井下现场防尘措施的落实情况，掌握防尘设施、隔爆设施及防尘管路安设位置和数量。

（2）各类设施、管路、三通阀门在图纸上的位置及安设的数量必须与井下现场相符合。

（3）描述防尘管路的线段必须绘制清晰，线条要均匀流畅。

（4）各类设施在图纸上以引脚线的形式进行编号标注的，其标注必须清晰，易于辨认。

（5）各类防尘设施在系统图上的编号必须与明细表中的防尘设施的序号一致。

（6）图纸标题、明细表在系统图上的布局要合理，一般标题应在图纸的正中上方，明细表或图例表在图纸的右下角，说明栏在图纸的左下角。

2. 防尘系统图的绘制步骤

（1）根据井下各区域地点的设施安设数量，准备适当图号的图纸。

（2）准备好绘图工具，主要有直尺、三角板、彩笔、图例符号刻章等。

（3）系统图绘制。

①按一定比例绘制区域内的巷道布置图。

②在区域内的巷道或作业场所，按照管路的不同规格用彩笔分别将防尘管路绘制出来。

③在管路的相应位置绘制出三通阀门。

④在图纸与区域内的采掘工作面和运输巷道内绘制出有关的防尘设施、隔爆设施（用专用的图例符号绘制时，可直接使用预先准备好的图章印制）。

⑤将各类防尘设施、隔爆设施、防尘管路、三通阀门进行编号标注（采用专用的图例符号绘制时可不进行编号，如图 12 – 1b 所示）。

⑥绘制各类设施明细表（或图例）和图纸说明栏，填写各类设施的安设数量。

⑦在图纸的正中上方用仿宋体填写标题，标题字号应与图纸的大小匹配。

⑧检查图纸的绘制内容，是否有遗漏或者绘制错误。

3. 区域性防尘系统图的识读

（1）防尘系统图的识读要求如下：

①首先应了解和掌握采掘工作面及其他巷道的相对位置和地点名称。

②熟悉各类设施的图例符号。

③必须了解各类设施的作用。

④必须掌握防尘质量标准的要求。

（2）矿井防尘系统图的识读方法步骤如下：

①首先识读设施明细表及说明栏，了解绘制时间，各类防尘设施、隔爆设施，以及各类设施的安设数量等。

②再进一步查读防尘设施安设的地点名称，辨别巷道的相对位置和设施的安设位置，将图纸上各类设施符号的编号与设施明细表对照识读，了解设施的种类、名称、数量及其作用。

③对照综合防尘质量标准，核查防尘系统图上出现的设施是否符合标准的要求。

第二节　防尘管路的故障与处理

一、防尘管路系统的作用

矿井防尘管路系统，担负着向井下各工作地点输送清水，满足井下各采掘工作面及其他工作地点生产用水和矿井防尘用水的重要任务，对于煤矿井下的安全生产起着非常重要的作用。一旦防尘管路出现故障，轻者跑水、漏水，造成井下巷道水患，影响井下工业卫生，重者则影响采掘工作面的生产，甚至会危及矿井的安全。因此，必须加强防尘管路系统的维护，保证其良好的工作状态。

二、防尘管路系统常出现的故障

1. 漏水故障

漏水故障一般发生在管路的接头处，主要由于橡胶密封垫老化或者接头管卡等紧固件松动；另外由于接头管卡、法兰、丝扣损坏或者质量差，达不到质量标准的要求。例如，焊接处有砂眼、开焊、丝扣滑丝脱扣等；另外由于管路服务时间过长，锈蚀严重而使管路损坏泄漏水。

2. 跑水故障

跑水故障的发生一般是突发性的，造成事故的原因是多方面的：①由于管路受外界因素的影响或遭到撞击使管路突然断裂；②在管路的三通阀门处，连接阀门的丝扣加工质量差，滑丝脱扣，在正常水压的作用下使阀门与三通脱离，造成管路跑水；③管路的吊挂质量不符合要求，吊挂不够牢固而脱落折断管路，造成跑水事故。

3. 堵塞故障

管路的堵塞，多数发生在管路的异径弯头、三通阀门和弯头处。一般情况下，大多数井下用水由地面直接供给，对水质的要求比较严格，要经过沉淀、过滤处理。因此，井下的防尘管路很少发生堵塞。如果发生堵塞，一般也是发生在管径较小的管路中。管路堵塞的原因主要有：①地面供水池水质较差，达不到规定的水质要求；②井下防尘管路所安装的水质过滤器过滤网损坏，没有起到水质过滤的作用；③安装管路或更换管路时，管路内有异物，没有认真清理，就直接将管路连接到防尘管路系统中，等等。

三、预防防尘管路故障应采取的一般措施

（1）防尘供水系统必须安装过滤装置，保证水质清洁，水质过滤器应定期清理。

（2）管路的吊挂应牢固可靠。在工字钢棚支护的巷道内安设时，可将吊挂钩固定在工字钢棚上；在锚网支护的巷道内安设时，可将吊挂钩固定在锚杆托盘上；在锚喷支护的巷道内安设时，必须预先施工吊挂眼，设置管路托架或吊挂钩，将管路固定在托架或吊挂钩上。在倾斜巷道安装直径为 108 mm 及以上的管路时，必须先安装管子托架，再安管路，管托间距不得大于 5 m。

（3）管路吊挂的高度应在运输过程中出现矿车掉道时不至于撞坏管路，一般吊挂高度为 1.5 m 以上。

（4）对井下分管范围内的防尘管路、设施定期检查，发现问题及时处理，不经分管副总工程师同意不得任意拆除。

（5）对井下管路进行定期刷漆除锈。特别是井下服务年限长的主要防尘管路必须强化维护，延长其使用寿命和服务年限。因服务年限过长锈蚀严重的管路，应及时更换。

（6）管路在下井安装前，必须经过认真检查，并为合格管路，否则，不得下井使用。

（7）安装或更换管路时，根据管路不同连接方式进行管路连接。密封件安装要正确，紧固件连接要牢靠；丝扣连接的管路应在丝扣处缠绕盘根，符合质量标准要求。同时，在管路连接前，认真检查管路口及管内的情况，防止管路内进入杂物，造成堵塞。发现管内有异物时，应进行管路清理，将管路内的异物全部清理出来。

四、防尘管路的故障处理

（一）故障处理的基本要求

（1）注意作业场所巷道支护的安全性。首先检查工作面支架、顶、帮等，注意顶板和两帮，防止片帮冒落矸石伤人，发现隐患及时处理。

（2）在有架空线的巷道内作业时，要严格执行停、送电制度，不准带电作业。

（3）在有输送机的巷道内作业时，不得站在输送机上。

（4）安装拆卸防尘管路、设施时，工作人员要配合好，防止碰伤手脚。

（5）在倾角较大的井巷、联络巷中，拆、接管路时，必须佩戴保险绳，并使用专用工具袋，用完的工具、拆下的部件，要装入袋内防止坠落伤人。

（6）处理事故时，必须停止供水，特别是处理管路堵塞时，应将管路停水，泄压后进行。管路故障处理，要迅速及时，应减少对采掘生产的影响。

（7）经处理后的管路应符合质量标准的要求。

（二）事故处理前的准备工作

（1）作业前，根据工作需要和现场条件带足必备的工具和材料。

（2）到达现场后，应认真检查事故管路的性质，确定事故处理的方法。

（3）处理前与事故影响区域的采掘及其他有关单位取得联系，通知管路将要停水的时间及影响时间和范围。

（4）关闭控制事故管路区域内的阀门，进行管路停水、泄压。

（三）防尘管路的漏水事故处理

根据漏水事故的性质进行判断，若紧固件松动，如螺栓松动，可将其紧固；若因管路移位而使密封圈错位或密封圈因老化损坏造成密封不严漏水，可调整密封圈位置或者更换密封圈；若丝扣连接处漏水，可在丝扣部分重新缠绕适量的盘根，将管件重新接好。若管路接头（包括法兰连接、丝扣连接和管卡连接）或管路损坏，一般应更换接头或管路。

（四）防尘管路堵塞事故的处理

当防尘设施无水或采掘生产区域管路无水时，检查供水区域管路的控水阀门。若阀门都是打开的，再开启上一级控制供水的阀门和三通上的阀门；如果证实上一级管路有水，那么就可判断该区域管路堵塞造成不通水。

1. 管路堵塞区域的查找方法

当管路堵塞后，一般堵塞的位置不那么直接明显，需要进一步查明。检查管路堵塞的方法有管路敲击法和逐级试验法。

（1）管路敲击法，就是在管路放空水后，用金属管件轻击管路，通过敲击发出的声音来辨别管路堵塞的区域，一般声音清脆的区域管路没有堵塞；声音发闷的区域为管路堵塞。

（2）逐级试验法，就是通过逐级开启管路上的三通阀门，查看分析阀门开启后，是否有水流出。若有水流出，流出的水量和流速、水压大小如何，以此来判断堵塞区域和具体位置。一般在逐级开启阀门试验时，无水区域是事先掌握的，那么先从无水区沿管路向供水水源的上一级管路逐级进行检查，直到发现管路有水，并且水流压力和流量较大，这样，即可判断管路堵塞的区域。判断管路堵塞时，上述两种方法可以配合进行。

2. 管路堵塞事故的处理

管路堵塞位置判定后，即可采取有效的方法进行处理。

（1）将堵塞管路的上一级管路控制阀门关闭，并将管路中的存水放净泄压。

（2）如果不能很快处理通，应将该节管路拆除，更换管路，不要影响安全与生产；在事故现场如果能及时处理通，可迅速进行处理。

（3）处理内径较大的管路时，探明异物后，可直接用钩子或钢钎将异物钩（捅）出，或者用小管径的高压胶管深入被堵塞的管路内，用高压水强力冲洗，将异物逐步冲出。处理小管径的管路时，若采用上述方法不能奏效，可将管路按原供水方向的相反方向用高压水强力冲洗，以使管路冲通。在处理管路堵塞的过程中，可配合使用敲击和振动管路的方法进行。

（4）管路处理完毕后，将管路接入管路系统中，进行管路通水试验。以达到管路的安设质量符合标准要求。

（5）整理现场。保持好现场的工业卫生。

第五部分

高级矿井防尘工知识要求

第十三章　防　尘　供　水

　　煤矿井下使用煤层注水或喷雾洒水，可以大量减少粉尘的产生和防止粉尘飞扬，还可以使已经浮游起来的粉尘沉降下来。几十年来，在所有矿井的应用中，都被证明湿式综合防尘是治理煤矿粉尘十分有效的方法。《煤矿安全规程》规定，矿井必须建立完善的防尘供水系统。

第一节　防尘供水系统

一、防尘供水的要求

1. 水质要求

（1）悬浮物含量不得超过 150 mg/L。

（2）悬浮物的粒度直径不得大于 0.3 mm。

（3）水的 pH 值应在 6.0～9.5 范围内。

2. 供水来源

（1）有条件的矿井，在符合经济指标的情况下，可以使用地面生活用水或工业用水。

（2）一般使用矿井井下水源，当使用井下水源时必须进行净化处理。

（3）矿井水的净化。防尘用水对水质的要求不高，水质净化主要是为了滤掉水中固体粒子和其他杂质，避免淤泥堵塞喷嘴及污水蒸发后粉尘二次污染作业环境。

　　煤矿防尘用水水质的净化方法主要是采用储水沉淀池、储水过滤池净化，在管道上采用管道滤流器（水质过滤器）净化等。具体做法要根据矿井水污染杂质的程度确定。一般地表或井下的静压水池应尽量采用自然沉淀池。

　　①储水沉淀池。煤矿的地面静水池一般采用此法，即利用杂质在储水池内自重沉降，用浮飘吸水器吸取上部清水供井下使用，对沉降的杂质隔一定时间予以排出（煤矿井下杂质的自然沉降率一般为 0.35～0.60 mm/s）。

　　②储水过滤池。有的矿井井下水源为岩层裂隙漏水和井下的污水，水质比较浑浊，严重的需要过滤。应设立污水过滤池，其中的污水过滤层一般是用砂子、砾石、树棕和金属网等分层组成的。污水经过过滤池过滤澄清后进入清水池供井下防尘用。

　　过滤池的砂子、砾石，一般采用直径为 0.1～1.0 mm 的细砂、直径为 10～15 mm 的砾石各铺 250～300 mm 厚；过滤池要经常清理，清理周期视污泥杂质含量多少而定，一般过滤池每隔 1～2 个月清理一次，并更换砂子和砾石。

3. 管道滤流器（水质过滤器）

水质净化的另一种方法是在供水管网系统中安设管道滤流装置。

矿用管道滤流器有 MPD－1 型防尘管道滤流器，其规格有 25.4、50.8、76.2、101.6、127 和 152.4 mm 系列配套产品。另外一种就是 ZCL 型反冲洗式水质过滤器。管道滤流器应设有专人定时清理过滤下来的污泥杂质。

二、供水系统

（一）防尘供水水池

1. 防尘供水的方式

目前井下防尘供水的方式主要有 2 种：静压供水和泵压供水（又称为动压供水）。从经济合理、安全可靠的观点来看，静压供水投资少、持久耐用、安全可靠，泵压供水虽然机动灵活，搬迁移动方便，但受水源水质及电器故障等影响。因此供水方式应尽量采用静压供水，泵压供水只能作为辅助手段。

2. 静压水池的容积

矿井永久性防尘静压水池的容积，应将防尘用水和消防用水结合起来考虑。设计时静压水池的容积应按下式计算：如果设计计算出来的水池容量小于 200 m³ 时，应按 200 m³ 建设，并有备用水池。

3. 静压水池的结构

（1）地面静压水池可采用钢筋混凝土浇筑，也可采用条石三合土砌缝。一般常用的有矩形水池、圆形水池，地面水池可按建筑工业标准设计建筑。

（2）井下静压水池及井下水池分别为服务 2～3 年的临时性水池。它服务于采区，这类水池主要利用采空区和岩层裂隙涌出水，常见的有平巷隔离式水池、平巷水窝式水池和斜巷密封水池。这些静压水池一般均采用砖砌混凝土抹面结构，出水管吸水口尽量布置靠近水池底部，并设过滤装置。

4. 地面水池的防冻

在北方寒冷地区，矿井地面水池须有防冻设计。地面水池的覆土厚度和进出水管的埋设深度必须根据当地的实际情况，以实践经验和热力学计算求得确切的埋深。

（二）防尘供水管路系统

1. 对管路系统的要求

（1）防尘供水管路应到达井下所有采掘工作面、溜煤眼、翻罐笼、输送机转载点、采煤工作面的回风巷和中间输送机道等地点。

（2）在井下所有的主要运输巷、主要回风巷、上下山和正在掘进的巷道所敷设的防尘洒水管路上，每隔 50～100 m 安设一个三通和阀门，供清洗巷道用。

（3）在主副井底车场、采区上下山口、机电硐室、检修硐室、材料库、火药库附近应设有消防栓，每个消防栓的流量要达到 150 L/min。

2. 对井下防尘用水的水压和流量的要求

（1）采煤机或掘进机的喷雾装置，其工作压力应符合《煤矿安全规程》的规定，内喷雾装置的工作压力不得小于 2 MPa，外喷雾装置的工作压力不得小于 4 MPa。

（2）凿岩机的供水水压为 0.2～1.0 MPa，流量为 5～6 L/min。

（3）巷道中的喷嘴水压不低于 0.4 MPa，流量不小于 2 L/min。

（4）防尘水幕的喷嘴水压不低于 0.4 MPa，每个喷嘴的流量不小于 15 L/min。

（5）冲洗巷道用水量不得小于 1.5 L/（min·m²）。

3. 水压调节

静压水池建设应以管路总长度缩短为宜，如地面永久性静压水池应筑在井筒附近。在矿井静压供水系统中，由于水池标高一定，井下各作业场所的水压又不相同，对水压的要求也不相同，所以需对水压进行调节，其分为降压调节及升压调节。

（1）降压调节。降压调节主要有缓冲调节、增阻调节和卸流减压调节。

①缓冲调节。当水压超过 1.5 MPa 时，需在各水平的一定高度设置缓冲水池或水箱，使用浮子自动开关、水位断电器或电磁阀等控制水池内水量，使降压后的水流出，供下水平使用。

②增阻调节。降压范围在 0～2 MPa 之内的局部水压调节，可利用自动减压阀、水阀门或调节阻力片来实现。自动减压阀有 Y43H－16 型及 Y42X－16C 型两种。

水阀门减压是利用截止阀所形成的局部阻力去消耗喷雾洒水设备前的多余压力，截止阀必须设两个以上。

阻力片减压是将阻力片接于法兰连接的两节水管之间而减压，但阻力片调压幅度不大，如需消除较大压力，可串联几片阻力片，片间距要大于管径的 30 倍，并且前后均要有大于管径 30 倍以上的直管。

③卸流减压调节。卸流减压是利用三通和并联两个截止阀来实现的，即利用其中一个截止阀把水放空达到减压，这种方法也可以采用自动控制方式调节。

卸流减压的流量损失太大，一般适用于调节较小的压力。

（2）升压调节。在静压供水管网系统中，往往由于管网压力损失较大或水池高差较小，造成静压水压满足不了工作面防尘设备用水的额定压力要求，特别是综采工作面采煤机喷嘴要求有较高的水压，这就需要进行增压调节。

局部增压调节措施主要是安设小功率水泵。该水泵可通过水压及流量要求进行计算选取定型水泵，但必须配用防爆型电机。当采用水泵增压时，必须有备用水泵，以保证供水不间断。

第二节 矿井防尘用水量的计算

矿井防尘设计用水量 Q_s 可按下式计算：

$$Q_s = K_b Q$$

$$Q = \sum Q_c + \sum Q_J + \sum Q_y + \sum Q_f + \sum Q_q$$

式中　　　K_b——备用系数，考虑到管路漏水、临时性用水及产量增用水等，可取 $K_b = 1.2 \sim 1.8$；

　　　　Q——矿井防尘用水量；

　　$\sum Q_c$——各采煤工作面防尘用水量总和，m³/h；

　　$\sum Q_J$——各掘进工作面防尘用水量总和，m³/h；

$\sum Q_y$——主要运输巷的运输及转载系统防尘用水量总和，m^3/h；

$\sum Q_f$——运输大巷风流净化水幕用水量总和，m^3/h；

$\sum Q_q$——防治粉尘的其他用水量总和，m^3/h。

一、采煤工作面防尘用水量

采煤工作面防尘用水量包括煤层注水、采空区灌水、采煤机内外喷雾、液压支架移架、回柱喷雾、湿式打眼、爆破落煤喷雾、冲洗煤壁、出煤洒水、工作面巷道输送机转载点喷雾、回风巷净化水幕、冲洗巷道沉积煤尘及支架乳化液用水等用水量。由于水炮泥用水量不大，可不计。

1. 煤层注水用水量 Q_{c_1}

计算公式如下：

$$Q_{c_1} = Q_k + Q_z$$
$$Q_z = 1.3AGq_1$$

式中　Q_k——每一处的湿式钻孔用水量，取 3 m^3/h；

$\quad\quad Q_z$——每一工作面的煤层注水流量；

$\quad\quad 1.3$——漏水与注水超流量的综合系数；

$\quad\quad A$——受注水湿润的煤产量与工作面总产量的比值；

$\quad\quad G$——工作面平均每 1 h 的产量，t/h；

$\quad\quad q_1$——吨煤注水量，取 0.02 ~ 0.04 m^3/t。

根据煤层情况及落煤方式选定 q_1 的值，设计时可取最大值或中间值。

2. 采空区灌水用水量 Q_{c_2}

计算公式如下：

$$Q_{c_2} = n_c Q_d$$

式中　n_c——每一工作面的灌水孔（管）数；

$\quad\quad Q_d$——单孔灌水流量，取倾斜分层超前钻孔采空区灌水流量 $Q_d = 1$ m^3/h，取回风巷采空区水管灌水流量 $Q_d = 6$ m^3/h，取水平分层采空区灌水流量 $Q_d = 2$ m^3/h。

3. 采煤机内外喷雾用水量 Q_{c_3}

$$Q_{c_3} = Gq_3$$

式中　q_3——吨煤喷雾用水量，取 0.02 ~ 0.04 m^3/t；

$\quad\quad G$——工作面平均每 1 h 的产量，t/h。

4. 液压支架降架、移架、放煤时喷雾水量 Q_{c_4}

$$Q_{c_4} = n_{c_4} q_4$$

式中　n_{c_4}——同时使用的架间、放煤口喷雾喷嘴数。

$\quad\quad q_4$——喷嘴流量，m^3/h，取 0.2 m^3/h。

5. 湿式煤电钻打眼用水量 Q_{c_5}

可取 $Q_{c_5} = 0.5$ m^3/h。

6. 爆破落煤喷雾用水量 Q_{c_6}

可取 $Q_{c_6} = 1.5\ \mathrm{m^3/h}$。

7. 冲洗煤壁用水量 Q_{c_7}

可取 $Q_{c_7} = 1\ \mathrm{m^3/h}$。

8. 出（擂）煤洒水量 Q_{c_8}

$$Q_{c_8} = Gq_8$$

式中　q_8——吨煤洒水量，取 $0.02 \sim 0.04\ \mathrm{m^3/t}$；

　　G——工作面平均每 1 h 的产量，$\mathrm{t/h}$。

9. 运输巷转载点喷雾用水量 Q_{c_9}

$$Q_{c_9} = n_{c_9} Q_{cz}$$

式中　n_{c_9}——转载点个数；

　　Q_{cz}——喷嘴的喷雾流量，根据煤的水分选取适宜流量的喷嘴，设计时可按 $Q_{cz} = 0.2\ \mathrm{m^3/h}$ 计算。

10. 回风巷风流净化水幕用水量 $Q_{c_{10}}$

$$Q_{c_{10}} = n_{c_{10}} Q_{cm}$$

式中　$n_{c_{10}}$——一处水幕的喷嘴个数；

　　Q_{cm}——一个喷嘴的喷雾流量，设计时可按 $Q_{cm} = 0.1 \sim 0.15\ \mathrm{m^3/h}$ 计算。

11. 回风巷与运输巷冲洗沉积煤尘用水量 $Q_{c_{11}}$

可取 $Q_{c_{11}} = 2\ \mathrm{m^3/h}$。

12. 单体液压支柱乳化液用水量 $Q_{c_{12}}$

采用单体液压支柱支护时，应把乳化液用水量 $Q_{c_{12}}$ 考虑在内。

各采煤工作面防尘用水量总和 $\sum Q_c$ 等于机采或综采工作面防尘用水量之和 $\sum Q_{cg}$ 与炮采工作面防尘用水量之和 $\sum Q_{cb}$ 的总和，即

$$\sum Q_c = \sum Q_{cg} + \sum Q_{cb}$$

而计算采煤工作面防尘用水量时，应考虑到各防尘措施并非同时全部采用，因此不能采取将全部用水量相加的方法进行计算，对非同时采用的防尘措施，可选取其中用水量较大的一项进行计算：

$$Q_{cg} = Q_{c_1}(或 Q_{c_2}) + Q_{c_3} + Q_{c_4} + Q_{c_9} + Q_{c_{10}} + Q_{c_{11}} + Q_{c_{12}}$$

$$Q_{cb} = Q_{c_1}(或 Q_{c_2}) + Q_{c_6}(或 Q_{c_7}，或 Q_{c_5}) + Q_{c_8} + Q_{c_9} + Q_{c_{10}} + Q_{c_{11}} + Q_{c_{12}}$$

二、掘进工作面防尘用水量

掘进工作面防尘用水量包括湿式打眼、爆破落岩（煤）喷雾、冲洗岩（煤）帮、装岩（煤）洒水、喷雾、掘进机喷雾、湿式除尘器喷雾、锚喷支护、转载点喷雾、风流净化水幕等用水量。

1. 凿岩机湿式打眼用水量 Q_{j1}

$$Q_{j1} = n_{j1} Q_h$$

式中　n_{j1}——凿岩机同时工作台数，台；

　　Q_h——单台凿岩机用水量，$Q_h = 0.3\ \mathrm{m^3/h}$。

2. 湿式煤电钻打眼用水量 Q_{j2}

$$Q_{j2} = 0.5 \text{ m}^3/\text{h}$$

3. 爆破落岩风水喷雾器用水量 Q_{j3}

$$Q_{j3} = 1.5 \text{ m}^3/\text{h}$$

4. 爆破落煤喷雾用水量 Q_{j4}

$$Q_{j4} = 1.5 \text{ m}^3/\text{h}$$

5. 冲洗岩（煤）帮用水量 Q_{j5}

$$Q_{j5} = 1 \text{ m}^3/\text{h}$$

6. 装岩（煤）洒水用水量 Q_{j6}

$$Q_{j6} = G q_6$$

式中　G——掘进工作面每 1h 平均产量，t/h。

装岩洒水时，$q_6 = 0.02 \text{ m}^3/\text{t}$；装煤洒水时，$q_6 = 0.03 \sim 0.04 \text{ m}^3/\text{h}$。

7. 装岩机装岩喷雾用水量 Q_{j7}

取 $Q_{j7} = 0.5 \text{ m}^3/\text{h}$。

8. 掘进机喷雾用水量 Q_{j8}

$$Q_{j8} = G q_3$$

式中　G——掘进工作面每 1 h 平均产量，t/h；

　　　q_3——吨煤喷雾水量，取 $0.02 \sim 0.04 \text{ m}^3/\text{t}$。

9. 掘进机配套湿式除尘器喷雾用水量 Q_{j9}

根据除尘器型号及用水方式确定其用水量，取 $Q_{j9} = 1.5 \sim 1.8 \text{ m}^3/\text{h}$。

10. 锚喷支护混凝土喷射机上料口除尘器喷雾用水量 Q_{j10}

根据除尘器型号确定喷雾用水量，取 $Q_{j10} = 0.8 \text{ m}^3/\text{h}$。

11. 混凝土喷头用水量 Q_{j11}

取 $Q_{j11} = 0.8 \text{ m}^3/\text{h}$。

12. 转载点喷雾用水量 Q_{j12}

根据煤的水分大小选取适宜流量的喷嘴，设计时可按 $Q_{j12} = 0.2 \text{ m}^3/\text{h}$ 计算。

13. 风流净化水幕用水量 Q_{j13}

$$Q_{j13} = n_{j13} Q_{jm}$$

式中　n_{j13}——水幕的喷嘴个数；

　　　Q_{jm}——喷嘴的喷雾流量，$Q_{jm} = 0.1 \sim 0.15 \text{ m}^3/\text{h}$。

各掘进工作面防尘用水量之和 $\sum Q_j$ 为：岩巷掘进工作面防尘用水量之和 $\sum Q_{jy}$ 与煤及半煤岩巷炮掘工作防尘用水量之和 $\sum Q_{jmb}$，加上煤巷机掘工作面防尘用水量之和 $\sum Q_{jg}$ 的总和，即

$$\sum Q_j = \sum Q_{jy} + \sum Q_{jmb} + \sum Q_{jg}$$

其中，$Q_{jy} = Q_{j3}$（或 Q_{j5}，或 Q_{j1}）$+ Q_{j6} + Q_{j7} + Q_{j10} + Q_{j11} + Q_{j13}$；

　　　$Q_{jmb} = Q_{j4}$（或 Q_{j5}，或 Q_{j2}）$+ Q_{j6} + Q_{j13}$；

　　　$Q_{jg} = Q_{j8} + Q_{j9} + Q_{j12} + Q_{j13}$。

三、主要运输巷的运输及转载系统防尘用水量

主要运输巷及转（装）载点防尘用水量包括电机车运输、集中运输巷带式输送机转载点、装车站及翻罐笼等处的喷雾用水量，计算如下。

1. 电机车运输喷雾用水量 Q_{y1}

$$Q_{y1} = n_y Q_{p1}$$

式中　n_y——喷嘴个数，$n_y = 4 \sim 6$ 个；

　　　Q_{p1}——喷嘴的喷雾流量，取 $Q_{p1} = 0.3 \text{ m}^3/\text{h}$。

2. 带式输送机转载点喷雾用水量 Q_{y2}

$$Q_{y2} = n_y Q_{p2} h$$

式中　Q_{p2}——喷嘴的喷雾流量，取 $Q_{p2} = 0.2 \text{ m}^3/\text{h}$。

3. 装车站喷雾用水量 Q_{y3}

装车站喷雾用水量应根据煤的水分、矿车容量及单位时间放煤量等条件确定喷嘴个数及喷雾流量。1 t 矿车可取 $Q_{y3} = 0.4 \sim 0.6 \text{ m}^3/\text{h}$，3 t 矿车可取 $Q_{y3} = 1.5 \sim 3 \text{ m}^3/\text{h}$。

4. 翻罐笼卸载喷雾用水量 Q_{y4}

$$Q_{y4} = n_y Q_{p1}$$

式中　n_y——喷嘴个数，$n_y = 4 \sim 6$ 个；

　　　Q_{p1}——喷嘴的喷雾流量，取 $Q_{p1} = 0.3 \text{ m}^3/\text{h}$。

主要运输巷的运输及转载系统防尘用水量之和 $\sum Q_y$ 可由下式求得：

$$\sum Q_y = \sum Q_{y1} + \sum Q_{y2} + \sum Q_{y3} + \sum Q_{y4}$$

四、运输大巷风流净化水幕用水量

运输大巷风流净化水幕用水量 $\sum Q_f$ 可按下式计算：

$$\sum Q_f = N n_y Q_{p2}$$

式中　N——安装净化水幕的总处数；

　　　n_y——喷嘴个数，$n_y = 4 \sim 6$ 个；

　　　Q_{p2}——喷嘴的喷雾流量，取 $Q_{p2} = 0.2 \text{ m}^3/\text{h}$。

五、防治粉尘的其他用水量

防治粉尘的其他用水量包括对主要运输、通风巷道的定期冲洗、刷白及其他用水量，如隔爆水棚的充水等用水量。这类用水常是临时性的，可根据矿井的具体情况给其他用水量 $\sum Q_q$ 以适当值。

最后应当说明，一般常把矿井防尘用水与防灭火用水作统一安排，由此，当矿井采取防灭火措施时，还应同时将防灭火用水量一并考虑在内。

第十四章　煤尘爆炸及矿井火灾事故

第一节　煤尘爆炸事故

井下煤尘在一定条件下，会发生爆炸事故，造成人员伤亡、设备破坏和毁坏整个矿井，灾害严重。另外，作业地点粉尘浓度过高，不但会影响视线，不利于及时发现事故隐患，增加机械及人身事故，还会危及人的健康。

一、煤尘爆炸的原因及过程

有许多固体物质，在一般状态下是不易引燃的，但是当它们成为微细的粉末时，就变得易燃，甚至会引起爆炸。煤尘就是煤炭的微细粉末，它容易燃烧和爆炸。

1. 煤尘爆炸的三个必备条件

（1）煤尘具有爆炸性，并且煤尘要达到一定浓度。

（2）适合的氧气浓度。

（3）有能引起爆炸的火源存在。

2. 煤尘爆炸的原因

（1）煤变成粉末后，增大了表面积。当它悬浮在空气中时，扩大了与氧气的接触面积，加速了氧化过程。

（2）煤尘（主要是烟煤煤尘）受热后，能放出大量可燃气体。例如 1 kg 挥发分为 20% ~ 26% 的焦煤，受热后能放出 290 ~ 350 L 可燃性气体。这些可燃性气体遇高温时，容易燃烧或爆炸。

3. 煤尘爆炸的过程

煤尘爆炸是空气中氧气与煤尘急剧氧化的反应过程。第一步是悬浮的煤尘在热源作用下迅速被干馏或汽化而放出可燃气体；第二步是可燃气体与空气混合而燃烧；第三步是煤尘燃烧放出热量，这种热量以分子传导和火焰辐射的方式传给附近悬浮的或被吹扬起来的落地煤尘，这些煤尘受热后被汽化，使燃烧不断循环继续下去。由于燃烧产物迅速膨胀而在火焰面前方形成压缩波。压缩波在不断压缩了的介质中传播时，后波可以赶上前波。这些单波叠加的结果，使火焰面前方的气体压力逐渐升高，因而引起了火焰传播的自动加速。当火焰速度达到每 1s 数百米以后，煤尘的燃烧便在一定的临界条件下转变为爆炸。

由燃烧转变为爆炸的必要条件是由于氧化反应而产生的热，必须超过热传导和辐射所造成的热损失。否则，燃烧既不能持续发展，也不会转化为爆炸。

引燃煤尘的温度因煤尘的性质不同而不同，主要是可燃挥发分不同，其差异较大，一般引燃温度为 700～800 ℃，有时可达 1100 ℃。矿井中能点燃煤尘的高温热源有：爆破、电火花、井下火灾、摩擦火花和瓦斯燃烧与爆炸等。

煤尘爆炸也有一个感应期。根据试验，感应期的长短主要决定于煤的挥发分，一般为 40～250 ms，挥发分越大，感应期越短。

煤尘爆炸后，爆炸地点的温度可达 2300～2500 ℃，使气体迅速膨胀产生高压，形成冲击波并迅速向外传播，其速度可达 200～300 m/s 或者更高。根据试验，爆炸压力在距爆源 200 m 的巷道出口处可达到 5～10 个大气压，而且在有大量沉积煤尘的巷道中，爆炸压力将随着离开爆炸源点的距离的增加而增大。如果在巷道中遇有障碍物、断面突然变化或拐弯处，爆炸压力也将增大。

如煤尘爆炸已发生，爆炸波可将巷道中的落尘扬起而为爆炸的延续和扩大补充尘源，可能发生连续爆炸。煤尘爆炸后，气体产物中含有大量二氧化碳和相当多的一氧化碳。在煤尘爆炸事故中造成大量人员死亡的是一氧化碳中毒。

煤尘爆炸时，对于煤尘的结焦（气煤、肥煤及炼焦煤的煤尘），它的一部分则被焦化而形成焦炭皮渣与黏块，黏附在支架、巷道壁或煤壁上，根据皮渣与黏块黏附在支柱上的位置，可以判断煤尘爆炸的强度。在弱爆炸时，火焰与爆炸波以慢速传播，皮渣与黏块在支柱两侧，但迎风侧较密；在中等爆炸强度时，传播速度较快，皮渣与黏块主要在支柱的迎风侧；在强爆炸时，传播速度极快，皮渣与黏块在支柱的背风侧，而在迎风侧有火烧痕迹。煤尘爆炸的这种特征可以帮助我们找到爆源，区分爆炸性质。

二、影响煤尘爆炸的因素

1. 煤尘成分

按工业分析煤尘的成分包括：固定炭、挥发分、灰分、水分及含量很少的硫、磷等。煤尘中的水分和灰分是不可燃物，而且有吸热降温作用，故含量越多越不易爆炸。

煤尘中的挥发分是决定煤尘爆炸的主要因素。实践证明，挥发分越高的煤，其煤尘越易爆炸。因此可以根据煤尘中所含挥发分与可燃物（固定炭与挥发分之和）之比的百分数来说明煤尘的爆炸性，该比值称为煤尘爆炸指数。就一般情况而言，煤尘爆炸指数＞10% 的煤尘，属于爆炸性的煤尘；爆炸指数＜10% 的煤尘，属于无爆炸性的煤尘。但是必须指出，由于煤的成分很复杂，同类煤的挥发成分及其含量也不同，所以挥发分含量不能作为确定煤尘有无爆炸危险的唯一指标。在试验中煤尘引起的火焰长短也是重要依据之一。

2. 煤尘浓度

井下的浮尘只有达到一定浓度，才有可能爆炸。煤尘爆炸浓度也有一定范围，这个范围叫作下限浓度和上限浓度。试验证明，煤尘爆炸范围和煤的成分，尤其是挥发成分及含量、煤尘粒度、引火方式、温度和试验的设备条件有关，因此各国试验的爆炸浓度的下限和上限并不一致。我国所作的试验表明，各种煤的煤尘爆炸下限中，最低值为 45 g/m³。至于煤尘爆炸上限，最高可达 2000 g/m³。经试验，煤尘爆炸的强度在 300～400 g/m³ 时为最高。

3. 煤尘粒度

粒度为 0.75～1.0 mm 以下的煤尘全部能参与爆炸。但是煤尘爆炸的主体是 75 μm

（能通过 80 号筛孔）以下的煤尘粒子。这种粒子的含量越高，煤尘爆炸性越强，其含量达到70%~80%时，爆炸力最强。通过试验发现，10~75 μm 的煤尘，粒度越小，爆炸性也越强。近年来的试验表明，煤尘粒度小于 10 μm，则随这部分尘粒数量的增加爆炸性仍无下降趋势。

4. 瓦斯与氧气

瓦斯本身具有爆炸性，当它混入含煤尘的空气中，必然会扩大煤尘的爆炸界限。随着瓦斯浓度的升高，煤尘爆炸的下限浓度下降；氧气含量变化也将改变煤尘的点燃温度。试验证明，氧气增加，煤尘点燃温度就降低，在纯氧气中可以降低到 430~600 ℃。但当减少空气中的氧气含量时，其引燃就变得困难了。当井下空气中氧气含量小于 12% 时，瓦斯就不能爆炸；氧气含量小于 18% 时，煤尘就不能爆炸。但必须注意，空气中的氧气含量虽然减少至17%，并不能完全防止瓦斯与煤尘在空气中的混合物的爆炸。

5. 引爆可能性与巷道中落尘分布状况有关

煤尘爆炸强度将随引爆物能力增大而增强，如火焰温度高、面积大则易引爆煤尘。煤尘落在顶板或棚梁上时容易再次飞扬，比落在两帮和底板上的煤尘危险性大。此外，巷道的潮湿程度、风速大小也将对煤尘爆炸有一定影响。

综上所述，影响煤尘爆炸的因素是多方面的，但是在制定预防煤尘爆炸措施时，必须根据具体情况，抓住煤尘爆炸的三个条件，即煤尘爆炸浓度、引爆火源及充足氧气是关键性环节，采取防范措施。

第二节　矿井火灾事故

矿井火灾是煤矿主要灾害之一，造成矿井火灾的原因是多方面的。特别需要指出的是，矿井火灾与瓦斯、煤尘爆炸事故的发生常常互为因果、相互扩大灾害的程度和波及范围，最终酿成重大恶性事故。矿井火灾对生产的危害，并不仅仅在于火灾的本身，而常常在于由其引起的一系列伴生现象。这些伴生现象的发生，又都与火灾后矿井内通风状态的变化有着密切关系。

一、矿井火灾及其特点

矿井火灾是指发生在矿井范围内的非控制性燃烧。矿井火灾，按其发生的地点分为地面火灾与井下火灾（或称为矿内火灾）。通常所说的矿井火灾主要指发生在井下巷道、工作面及采空区等地点的矿内火灾，以及发生在井口附近能够威胁矿井安全，造成损失的地面火灾。

井下火灾与地面火灾具有不同的特点。井下火灾，特别是发生在采空区或煤柱内的火灾，往往很难觉察，也不容易找到真正的火源，加之受井下空间的限制，灭火工作比较困难。

二、井下火灾的危害

井下火灾是一种威胁矿井安全生产的严重的自然灾害，其主要危害表现在以下几个方面。

1. 产生大量的高温火烟及有害气体

井下发生火灾后，火源附近的高温常达 1000 ℃以上，同时，往往产生大量的有毒有害气体和烟雾，严重威胁着人身的生命安全。煤炭燃烧会产生一氧化碳、二氧化碳、二氧化硫和烟尘等；另外坑木、橡胶、油类、聚氯乙烯制品的燃烧也会生成大量的一氧化碳、醇类、醛类，以及其他复杂的有机化合物，使井下人员中毒伤亡。

2. 引起瓦斯、煤尘爆炸

井下火灾可能会引起瓦斯、煤尘爆炸。火灾不仅会成为瓦斯、煤尘爆炸的热源，而且火灾的干馏作用可使可燃物（煤、木材等）放出其他各种碳氢化合物等爆炸性气体。因此，井下火灾还往往造成瓦斯、煤尘爆炸事故，进一步扩大灾情及伤亡。

3. 造成井下风流逆转

井下发生火灾时，由于矿井内空气温度及成分的变化会产生一种附加的热风压，通常称为火风压。火风压的产生，一方面可使矿井总风量增加或减少，另一方面可导致局部地区风流方向的变化，此种现象称为风流逆转。矿井内发生火灾后，一旦出现风流逆转，就会破坏原来的通风系统，使井下那些似乎安全的地点，也会突然遭到火烟的侵袭，从而进一步扩大灾情。

4. 产生再生火源

发生井下火灾时，如果在高温火烟流经的途中有新鲜风流掺入，将会在掺风地点重新发生燃烧，引燃木支架或煤壁，形成再生火源。

5. 烧毁设备，损失资源，造成煤量呆滞，破坏矿井正常生产秩序

井下发生火灾，不仅要烧毁设备和造成资源损失，有时当直接灭火不能奏效时，只能采取隔绝灭火措施。隔绝灭火通常采取封闭或留煤柱的办法。这就造成了煤炭资源大面积呆滞，缩短了矿井服务年限。尤其是当工作面发生火灾时，常常要采取封闭工作面的措施，造成矿井一时无法生产，破坏了正常生产秩序。

6. 其他损失

矿井发生火灾后，灭火的直接费用，火区熄灭后启封、维修费用及发生火灾时迫使采掘工作面停产而造成矿井的减产，以及引起工人心理上的恐惧而造成效率的降低，等等，在经济上会造成很大损失。

三、井下火灾的分类及其特征

火灾的发生必须具备 3 个条件：可燃物、热源和空气。可燃物的存在是火灾发生的基础条件，一定温度和足够热量的热源是点燃可燃物的先决条件，而空气的供给则是维持燃烧的必要条件。上述 3 个条件又称为火灾发生的三要素。火灾三要素必须同时存在，相互配合，缺一不可。

井下火灾按其引火热源不同，通常分为两大类，即外因火灾和内因火灾。

1. 外因火灾（或称为外源火灾）

外因火灾是指外来热源引起的火灾。发生外因火灾的原因有：

（1）明火。例如吸烟，使用电炉或大灯泡取暖，以及电焊、气焊时防护措施不好。

（2）不安全的爆破方法。例如用明火、动力线爆破，炮泥装填不够和使用变质炸药。

（3）机械摩擦和撞击。例如带式机托辊过热引燃输送带，采煤机截割夹石或顶板产

生火花。

（4）电气设备损坏、电流短路或漏电。

（5）瓦斯、煤尘爆炸。

随着煤矿机械化和电气化程度的不断提高，由于电气机械设备运转不良和操作失误引起的火灾所占比例将越来越大。

2. 内因火灾（或称为自燃火灾）

内因火灾是指一些易燃物质（主要是煤）在一定条件下，自身发生物理化学变化，聚热导致着火而形成的火灾。外因火灾所占比例虽小，但它发生突然，发展迅猛，如果不能及时控制，就可能造成重大恶性事故。与外因火灾相比，内因火灾的发生和发展都比较缓慢，而且有预兆，易于早期发现。但其火源隐蔽，通常发生在人们难以接触的地点。因而，扑灭自燃火灾比较困难，以致有的自燃火区可持续数月、数年，甚至数十年不灭，长期威胁着矿井的安全生产。

四、矿井内火灾发生的地点

火灾类型不同，其发生的地点也不同。总的来说，外源火灾多发生在井下风流比较畅通的地点，如地面井口房、井筒、井底车场、大巷、硐室及采掘工作面等地点。自燃火灾则多发生在风流不畅的地方。根据对自然发火现象的统计分析，自燃位置常常在下列地点：

（1）受采动影响的巷道。采煤工作面进风巷、回风巷及终采线。受压破裂、破碎的巷道煤柱内、假顶下的巷道中，开采条件复杂处及地质构造变化大的地方等。这些地方极易造成丢煤多、浮煤多，而且上述地点又极易形成漏风通道。

（2）高冒点。在煤层内开拓或掘进巷道，尤其是井巷穿过煤层发生高度为 2 m 以上、体积为 6 m³ 以上的高冒时，如果不作防火处理，特别是高冒四周为煤层时，容易引起自燃。

（3）受压煤柱。在机电硐室、通风眼、溜煤眼等处留出的保护煤柱，如尺寸不够，又承受极大压力，服务时间长，煤柱破裂的地点就容易发生自燃。

（4）在断层外、火成岩侵入处等地点有时也出现自然发火现象。

五、煤炭自燃的早期直觉识别方法

直觉识别方法即通过人的视觉和嗅觉识别的方法。煤在自燃初期，会出现一些征兆，有些征兆凭借人的感觉器官就能觉察到，这些征兆称为自燃的外部征兆。自燃初期的外部征兆有：

（1）巷道中出现雾气或巷道壁"出汗"。"出汗"是煤矿对火灾征兆的形象说法，即巷道壁出现水珠，它是火灾初期最早的外部征兆。需要注意的是，当井下两股温度不同的风流交汇时或井下突水前，也会出现类似现象。所以，仅凭上述现象，还不足以说明这就是自燃的征兆。

（2）出现火灾气味。井下出现煤油、汽油、松节油或煤焦油的恶臭味，是自燃火灾最可靠的征兆，表明自燃已发展到自热阶段的后期，一般出现这种征兆不久，就会出现烟雾和明火。

（3）空气与煤壁温度骤增，甚至使裸露的皮肤有微痛感。由自热或自燃区流出的水温也比平时高。

（4）人体不适。例如头痛、闷热、精神疲乏等。这与空气中的氧气含量减少，有害气体（一氧化碳、二氧化碳等）浓度增加有关。

由于人的感觉总是带有相当大的主观性，它与人的健康情况和精神状态有关。此外，人的感官往往比较迟钝，通常只有在各种征兆比较明显的情况下才能感觉到。所以，单凭人的直觉是不行的，它只能作为早期识别的一种方法。

第三节　矿井灾变事故的应急处理措施

一、避灾路线

避灾路线，就是矿井一旦发生事故后，人员的撤退路线。

在制定矿井灾害预防和处理计划时，应预计到矿井存在的自然灾害因素及可能发生各种事故的地点、情况，从而规定一旦发生某种事故后人员的撤退路线。并且，撤退路线上的路标要明显，方向要标明，全矿人员应熟悉掌握，使大家都知道何地发生何种事故后，人员从哪条路线上撤退是安全的。

图 14-1 为某采区发生火灾事故后人员的避灾路线图。该采区开采缓倾斜煤层，采用人工顶板倾斜分层采煤方法。煤层有自然发火倾向，发火期较短。煤尘有爆炸危险性，且为高瓦斯矿井。由于厚煤层分层开采，煤柱易压碎，巷道难于维护，采空区常有大量遗煤，采空区漏风较大，容易自然发火；另外，采煤工作面使用煤电钻等电气设备，可能产生电火花。

根据上述情况，在编制灾害预防和处理计划时，预计在采煤工作面因电气火花可能引起外因火灾。火灾发生后，应先设法断电，然后再设法扑灭。如火灾无法扑灭时，应迅速报告，并设法通知采区全体人员及回风系统中受威胁人员撤离危险区。规定的撤退路线为：

（1）在火源进风侧的人员，迎着风流退出，撤至进风的运输大巷。

（2）在火源回风侧的人员，迅速佩戴自救器或用湿毛巾捂住嘴鼻，尽快由回风巷经过风门进入进风巷，再撤到运输大巷。

人员撤出后，在场负责人要清点人数并向矿调度室汇报，听令行动。

在回风系统掘进迎头工作的人员（如图 14-1 在掘进巷迎头工作的人员），如果在自救器有效作用时间内不能安全撤出时，应用木板等材料将独头巷道构筑成临时避难硐室，等候矿山救护队营救是最大限度地减少事故损失的重要环节。因此，每个矿工和下井工作人员，必须根据本人的工作环境特点，认识和掌握常见灾害事故的规律，了解事故发生前的预兆，通过学习牢记各种事故的避灾要点，努力提高自己的自主保安意识和抗灾能力。

二、矿工井下避灾的基本原则和行动准则

1. 井下避灾的基本原则

（1）积极抢救。灾害事故发生后，处于灾区内以及受威胁区域的人员，应沉着冷静，

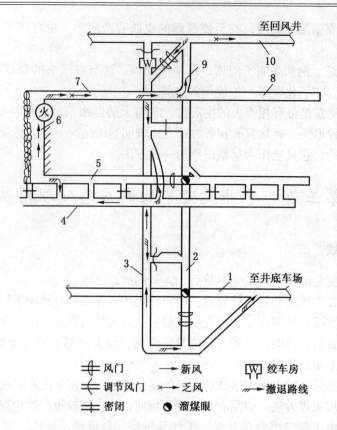

1—运输大巷；2—带式输送机上山；3—轨道上山；4—轨道巷；5—分层输送机巷；
6—采煤工作面；7—分层回风巷；8—掘进巷；9—采区回风石门；10—总回风巷
图 14－1　采区发生火灾事故后人员避灾路线示意图

根据灾情和现场条件，在保证自身安全的前提下，采取积极有效的方法和措施，及时投入现场抢救，将事故消灭在初起阶段或控制在最小范围，最大限度地减少事故造成的损失。在抢救时，必须保持统一的指挥和严密的组织，严禁冒险蛮干和惊慌失措，严禁各行其是和单独行动；要采取防止灾区条件恶化和保障救灾人员安全的措施，特别要提高警惕，避免中毒、窒息、爆炸、触电、二次突出、顶帮二次垮落等再生事故的发生。

（2）安全撤离。当受灾现场不具备事故抢救的条件或可能危及人员的安全时，应由在场负责人或有经验的老工人带领，根据预防灾害计划中规定的撤退路线和当时当地的实际情况，尽量选择安全条件最好、距离最短的路线，迅速撤离危险区域。在撤退时，要服从领导，听从指挥，根据灾情使用防护用品和器具；要发扬团结互助的精神和先人后己的风格，主动承担工作任务，照料好伤员和年老体弱的同志；遇有溜煤眼、积水区、垮落区等危险地段，应探明情况，谨慎通过。

（3）妥善避灾。如无法撤退（通路冒顶阻塞、在自救器有效工作时间内不能到达安全地点等）时，应迅速进入预先筑好的或就近地点快速建筑的临时避难硐室，妥善避灾，等待矿山救护队的救援。

2. 在灾区避灾的行动准则

（1）选择适宜的避灾地点。应迅速进入预先构筑好的避难硐室或其他安全地点暂时躲避，也可以利用工作地点的独头巷道、硐室或两道风门之间的巷道，利用现场的材料修建临时避难硐室。

（2）保持良好的精神心理状态。千万不可过分悲观和忧虑，更不能急躁盲动，冒险乱闯。人员在避难硐室内应静卧，避免不必要的体力消耗和空气消耗，借以延长待救时间。要树立获救脱险的信念，互相鼓励，统一意志，以旺盛的斗志和极大的毅力，克服一切艰难困苦，坚持到安全脱险。

（3）加强安全防护。要密切注视事故的发展和避灾地点及其附近的烟气、风流、顶板、水情、温度的变化。当发现危及人员安全的情况时，应就地取材构筑安全防护设施。如用支架、木料建防护挡板，防止冒落煤矸垮入避难硐室；用衣服、风障堵住避难硐室的空隙，或建临时挡风墙、吊挂风帘，防止有害气体涌入。在有毒有害气体浓度超限的环境中避灾时，要坚持使用压风自救装置和自救器。

（4）改善避灾地点的生存条件。如发觉避灾地点条件恶化，可能危及人员安全时，应立即转移到附近的其他安全地点。离开原避难地点后，应在转移行进沿途设置明显指示标记，以便于救护队跟踪寻找。如因条件限制无法转移时，也应积极采取措施，努力改善避灾地点的生存条件，尽量延长生存时间。

（5）积极同救护人员取得联系。应在避难硐室外或所在地点附近，采取写字、遗留物品等方式，设置明显标志，为矿山救护队指示营救目标。在避灾地点，应用呼喊、敲击顶帮或金属物等方式发出求救信号，与救护人员取得联系。如有可能，可寻找电话或其他通信设备，尽快与井上下领导人通话。

（6）积极配合救护人员的抢救工作。在避灾地点听到救护人员的联络信号，或发现救护人员来到时，要克制自己的情绪，不可慌乱和过分激动，应在可能的条件下积极配合。脱离灾区时，要听从救护人员的安排，保持良好的秩序，并注意自身和他人安全，避免造成意外伤害。

3. 矿工在灾区自救、互救的行动准则

（1）因事故造成自己所在地点有毒有害气体浓度升高，可能危及人员生命安全时，必须及时正确地佩戴自救器，并严格制止不佩戴自救器的人员进入灾区工作或通过窒息区撤退。撤退时要根据灾害及现场的实际情况，采取不同的对应措施。

（2）在受灾地点或撤退途中，发现受伤人员，只要他们一息尚存，就应组织有经验的同志积极进行抢救，并运送到安全地点。

（3）对于从灾区内营救出来的伤员，应妥善安置到安全地点，并根据伤情，就地取材，及时进行人工呼吸、止血、包扎、骨折临时固定等急救处理。

（4）在现场急救和运送伤员过程中，方法要得当，动作要准确、轻巧，避免伤员扩大伤情和受不必要的痛苦。

（5）在灾区内避灾待救时，所有遇险人员应主动把食物、饮用水交给避灾领导统一分配，矿灯要有计划地使用。每人应积极完成自己承担的任务，精心照料伤员和其他同志，共同渡过难关，安全脱险。

三、火灾发生时的应急措施

当火灾发生时，灾区人员应按规定的避灾路线撤离危险区域。各矿井的一切安全出口和避灾路线的巷道都要随时维护，保持良好，并设置好路标（牌），标明出口方向，以便当灾害发生时，灾区人员按规定的避灾路线撤出。

避灾人员要迎着新鲜风流撤退或自回风流巷道尽快转入新鲜风流中，佩戴好自救器。如果撤出巷道已被火区隔断，应尽快构筑临时避难硐室，发出求救信号，等待救援。

四、瓦斯与煤尘爆炸事故时的自救与互救

1. 防止瓦斯爆炸时遭受伤害的措施

瓦斯爆炸前感觉到附近空气有颤动的现象发生，有时还发出"咝咝"的空气流动声。这可能是爆炸前爆源要吸入大量氧气所致，一般被认为是瓦斯爆炸前的预兆。

井下人员一旦发现这种情况时，要沉着、冷静，采取措施进行自救。具体方法是：背向空气颤动的方向，俯卧倒地，面部贴在地面，闭住气暂停呼吸，用毛巾捂住口鼻，防止把火焰吸入肺部。最好用衣物盖住身体，尽量减少肉体暴露面积，以便减少烧伤。立即卧倒的目的是为了降低身体高度，避开冲击波的强力冲击，减少危险。而用衣物护好身体，可以避免烧伤。

2. 掘进工作面瓦斯爆炸后矿工的自救与互救措施

如发生小型爆炸，掘进巷道和支架基本未遭破坏，遇险矿工未受直接伤害或受伤不重时，应立即打开随身携带的自救器，佩戴好后迅速撤出受灾巷道到达新鲜风流中。对于附近的伤员，要协助其佩戴好自救器，帮助撤出危险区。不能行走的伤员，在靠近新鲜风流 30～50 m 范围内，要设法抬运到新鲜风流中；如距离远，则只能为其佩戴自救器，不可抬运。撤出灾区后，要立即向矿领导或调度室报告。

如发生大型爆炸，掘进巷道遭到破坏，退路被阻，但遇险矿工受伤不重时，应佩戴好自救器，千方百计疏通巷道，尽快撤到新鲜风流中。如巷道难以疏通，应坐在支护良好的棚子下面或利用一切可能的条件建立临时避难硐室，相互安慰、稳定情绪、等待救助，并有规律地发出呼救信号。对于受伤严重的矿工，也要为其佩戴好自救器，使其静卧待救。

3. 采煤工作面瓦斯爆炸后矿工的自救与互救措施

如采煤工作面发生小型爆炸，进回风巷一般不会被堵死，通风系统也不会遭到大的破坏，爆炸所产生的一氧化碳和其他有害气体较易被排除。在这种情况下，采煤工作面爆源进风侧的人员一般不会严重中毒，应迎着风流退出。在爆源回风侧的人员，应迅速佩戴自救器，经安全地带通过爆源到达进风侧，即可避灾脱险。

如采煤工作面发生严重的爆炸事故，可能造成工作面冒顶垮落，使通风系统遭到破坏，爆源的进回风侧都会积聚大量的一氧化碳和其他有害气体。为此，在爆炸后，没有受到严重伤害的人员，都要立即打开自救器并佩戴好。在爆源进风侧的人员，要逆风撤出；在爆源回风侧的人员要经安全地带通过爆源处，撤到新鲜风流中。如果由于冒顶严重撤不出来，首先要把自救器佩戴好，并协助将重伤员转移到较安全地点待救。附近有独头巷道时，也可进入暂避，并尽可能用木料、风筒等建立临时避难硐室。进入避难硐室前，应在硐室外留下衣物、矿灯等明显标志，以便引起救护队的注意。

煤尘爆炸和瓦斯与煤尘爆炸时矿工的自救与互救措施，可参照瓦斯爆炸的自救与互救措施。

五、煤与瓦斯突出事故时的自救与互救

1. 发现突出预兆时现场人员的避灾措施

在煤与瓦斯突出前，有无声和有声两种预兆。在突出危险区域发现突出预兆后，现场人员可采取如下避灾措施：

（1）采煤工作面人员发现突出预兆时，要迅速向进风侧撤离，并通知其他人员同时撤离。撤离中应快速打开隔离式自救器并佩戴好，再继续外撤。在掘进工作面发现突出预兆时，也必须向外迅速撤离。撤至防突反向风门外后，要把防突风门关好，再继续外撤。

（2）如果自救器发生故障或佩戴自救器不能到达安全地点时，在撤出途中应进入预先筑好的避难硐室中躲避或在就近地点快速建筑的临时避难硐室中避灾，等待矿山救护队的救援。

（3）要注意延期突出。有些矿井出现了突出的某些预兆，但并不立即突出，过一段时间后才发生突出。因此，遇到这种情况，现场人员不能犹豫不决，必须立即撤出，并佩戴好自救器。

2. 发生突出事故后矿工的自救措施

（1）在有煤与瓦斯突出危险的矿井或工作面工作的矿工，必须随身携带隔离式自救器。一旦发生突出事故，应立即佩戴好，以保护自己，并迅速撤离危险区。

（2）遇险矿工在撤退途中，若退路被突出煤矸堵住，不能到达避难硐室躲避时，可寻找有压风管或铁风筒的巷道、硐室暂避，并与外界取得联系。这时，要把压风管的供气阀门打开或接头卸开，形成正压通风，稀释高浓度瓦斯，供遇险人员呼吸。

六、矿井火灾事故时的自救与互救

1. 在烟雾巷道里的避灾自救措施

（1）一般不在无供风条件的烟雾巷道中停留避灾或建立临时避难硐室，应佩戴自救器采取果断措施迅速撤离有烟雾的巷道。

（2）在自救器超过有效防护使用时间或无自救器时，应将毛巾润湿堵住嘴鼻寻找供风地点，然后切断或打开巷道中压风管路阀门或者对着有风（必须是新鲜无害的）的风筒呼吸。

（3）一般情况下不要逆烟撤退。但只有逆烟撤退才有争取生存的希望时，可以采用这种撤退方法。

（4）在烟雾大、视线不清的情况下，应摸着巷道壁前进，以免错过通往新鲜风流的连通出口。

（5）烟雾不大时，也不要直立奔跑，应尽量躬身弯腰，低着头快速前进；烟雾大时，应贴着巷道底和巷壁，摸着铁道或管道等快速爬行撤退。

（6）无论在多么危险的情况下，都不能惊慌失措、狂奔乱跑。应用巷道内的水浸湿毛巾、衣物或向身上淋水等办法降温；用随身物件遮挡头面部，防止高温烟气的刺激。

2. 独头巷道发生火灾时的避灾自救措施

（1）独头掘进巷道火灾多因电器故障或违章爆破造成，其特点是发火突然，但初起火源一般不大，发现后应及时采取有效、果断的措施扑灭。

（2）掘进巷道一般采用局部通风机进行压入式通风，风筒一旦被烧，工作面通风就被截断，人员逃生的出路也被切断。因此，巷道着火后，位于火源里侧的人员，应尽一切可能穿过火源撤至火源外侧，然后再根据实际情况确定灭火或撤退方法。

（3）人员被火灾堵截无法撤退到火源外侧时，应在保证安全的前提下，尽一切可能迅速拆除引燃的风筒，撤除部分木支架（在不至于引起冒顶的情况下）及一切可燃物，切断火灾向人员所在地点蔓延的通路。然后，迅速构筑临时避难硐室，并严加封堵，防止有害烟气侵入。若巷道内有压风管道，可放压气用以避灾自救。若有输水管道，可放水用以改善避灾条件。但在用水控制火势，阻止火灾向人员避灾地点蔓延时，应特别注意水蒸气或巷道冒顶给避灾人员带来的危害。

（4）如果其他地区着火使独头掘进巷道的巷口被火烟封堵，人员无法撤离时，应立即用风障（可利用巷道中的风筒建造）等将巷口封闭，并建立临时避难硐室。若火烟通过局部通风机被压入巷道时，则应立即将风筒拆除。

第六部分

高级矿井防尘工技能要求

第十五章　矿井综合防尘措施的制定

第一节　煤矿粉尘检测

一、粉尘检测项目

从全面了解和掌握粉尘的物理及化学性状出发，需要检测的项目很多，如粉尘的形状、密度、颗粒分布、溶解度、浓度，粉尘的化学成分及荷电性、爆炸性，但从安全和卫生的角度出发，日常粉尘检测项目主要是粉尘浓度、粉尘中游离二氧化硅的含量和粉尘的分散度。

1. 粉尘浓度

粉尘浓度是指单位体积空气所含粉尘的质量或颗粒数。表示粉尘浓度的方法有两种，即质量浓度与数量浓度。计算单位：质量浓度是 mg/m^3，数量浓度是粒$/cm^3$。

（1）总粉尘浓度。总粉尘浓度是指以总粉尘浓度采样头采集到的粉尘的全部质量或数量，对采样粉尘粒径没有分级要求，但一般采样粒径小于 $30\ \mu m$，其代表意义是全部浮悬于空气中可进入人体的粉尘的总的质量或数量。

（2）呼吸性粉尘浓度。呼吸性粉尘浓度是指可以进入人体肺泡区内的微细尘粒的浓度。但粉尘进入肺泡区内除与粒径大小有关外，还与粉尘密度、形状等因素有一定关系。

呼吸性粉尘采样头筛选粒径的方式有3种：水平淘析式、惯性冲击式和旋风式。

2. 粉尘中游离二氧化硅含量

此项测定是粉尘化学成分测定中唯一的项目。游离二氧化硅是指未与金属及金属氧化物结合的二氧化硅，常以结晶状态存在。测量结果不用绝对质量表示，而用被测粉尘中游离二氧化硅含量的百分比（%）表示。

3. 粉尘分散度

粉尘分散度是指粉尘各粒径区间粉尘的数量或质量占总粉尘的数量或质量的百分比，即粉尘粒径的分布情况。

二、粉尘监测周期

（1）作业地点粉尘浓度，井下每月测定2次；井上每月测定1次。

（2）生产作业地点粉尘中游离二氧化硅含量，每半年测定1次，在变更工作面时也应测定1次。

（3）粉尘分散度，每半年测定1次。

三、井下粉尘作业场所测点的选择

井下粉尘作业场所测点的选择和布置要求见表 15 – 1、表 15 – 2、表 15 – 3。

表 15 – 1　转载点及井下其他场所

生 产 工 艺	测 尘 点 位 置
带式输送机作业	转载点回风侧作业人员活动范围
装煤（岩）点及翻车机	工人作业地点
翻车机及放煤工人作业	工人作业地点
人工装卸材料	工人作业地点
地质刻槽	工人作业地点
维修巷道	工人作业地点
材料库、配电室、水泵房、机修室	作业人员活动范围内等处工人作业

表 15 – 2　采煤工作面测点布置

生 产 工 艺	测 尘 点 位 置
采煤机落煤	采煤机回风侧 10 ~ 15 m
司机操作采煤机	司机工作地点
液压支架司机移架	司机工作地点
煤电钻打眼	工人作业地点
工作面爆破作业	爆破后工人在工作面开始作业的地点
回柱放顶移输送机	作业人员工作范围
工作面多工序同时作业	回风巷距工作面端头 10 ~ 15 m
人工攉煤	工人作业地点
带式输送机作业	转载点回风侧作业人员活动范围
工作面回风巷	工作面多工序同时作业时回风侧 10 ~ 15 m

表 15 – 3　掘进工作面测点布置

生 产 工 艺	测 尘 点 位 置
掘进机作业	掘进机作业时回风侧 4 ~ 5 m
司机操作掘进机	司机工作地点
风钻、煤电钻打眼	工人作业地点
工作面爆破作业	爆破后工人在工作面开始作业的地点
打眼与装岩同时作业	装岩机回风侧 3 ~ 5 m 处巷道中部
机械装岩	工人作业地点
人工装岩	工人作业地点
抽出式通风	产尘点与除尘器吸尘罩间粉尘扩散较均匀地区的呼吸带内
刷帮	工人作业地点

表 15 - 3（续）

生产工艺	测尘点位置
挑顶	工人作业地点
拉底	工人作业地点
砌碹	作业人员活动范围内
打锚杆眼	工人作业地点
打锚杆	工人作业地点
喷浆	工人作业地点
搅拌上料	工人作业地点
装卸料	工人作业地点
带式输送机作业	转载点回风侧作业人员活动范围内

四、粉尘数据的统计整理

粉尘测定工作是粉尘治理工作中的一个重要组成部分。其准确的测尘数据，可以用来衡量生产场所粉尘污染的程度，评价各项防尘设施的降尘效果；及时监督防尘设施的使用，追踪生产场所粉尘浓度变化动态，并将其结果迅速反馈给安全监督部门，以便及时采取措施消除粉尘隐患，预防煤尘爆炸，可以用于估算人体肺内粉尘沉积量与尘肺发病的关系，预防尘肺发生，保护工人健康；可以为决策部门制定防尘计划、修订粉尘卫生标准提供科学依据。

（一）测点的计算方法

按下列原则计算全矿井测点数，并将测量值汇总成表：

（1）机采工作面，测落煤、司机操作采煤机、液压支架司机移架和其他工序，各点浓度取平均值，4 个测点。

（2）机掘工作面，测掘进机作业、司机操作掘进机、抽出式通风、装岩、其他工序各点浓度取平均值，5 个测点。

（3）炮掘工作面，测打眼、爆破、多工序作业、装岩（机械或人装）和其他工序，各点浓度取平均值，5 个测点。

（4）巷道支护，根据巷道支护方式可测砌碹、打锚杆眼、打锚杆、喷浆、搅拌上料、装卸料等测点中的几个。

（5）运输转载点，按巷道长度计算，不足 1000 m 的巷道，取各转载点粉尘浓度的平均值作为 1 个测点，大于 1000 m 的巷道作为 2 个测点。

（6）主要硐室材料库、配电室、水泵房、机修室等都作为 1 个单独测点。

（二）粉尘测定数据的统计整理

现场测定的粉尘数据应进行统计整理，即统计归纳，使原始测尘数据系统化、条理化。整理资料时首先要核对每一个测尘原始数据。下列情况无法处理时，可不予统计，但必须注明原因：第一，采样地点、粉尘种类、采样流量、采样时间、滤膜盒编号等重要内容不清楚；第二，为了减少误差用 40 mm 滤膜采样时滤膜增重小于 1 mg、大于 10 mg 者。

核对好原始数据后，应按计量资料的统计方法，根据粉尘种类、采样地点等分门别类地进行归纳计算平均数等有关指标。

1. 平均数

平均数是分析计量资料常用的一种统计指标，用来描述一组同质计量资料的集中趋势。平均水平的指示给人以概括的印象，且便于事物间进行比较。常用的有算数均数（以下简称均数）、时间加权均数、几何均数等。日常测定报表中的平均数即算数均数，是反映月、季、年粉尘浓度集中趋势或平均水平的指标，当粉尘浓度波动范围不大，浓度分布呈正态分布时，用此指标较合理，有代表性。

煤矿生产环境比较特殊，在一个工作班不同时间内，不同的操作工序，粉尘产生的状态也不同，因测尘时同时记录了时间，计算时间加权平均浓度比较符合实际情况。如果生产场所防尘设施使用不正常或生产工序变换较多，生产现场粉尘浓度忽高忽低，测定的粉尘浓度值呈偏态分布时，亦用几何均数的计算方法统计粉尘浓度。下面分别举例说明上述3 种统计归纳粉尘浓度平均数的方法。

（1）算术均数：

$$X = \frac{\sum X}{n}$$

式中　　　X——算术均数，mg/m^3；

　　$\sum X$——各测点粉尘样品的粉尘浓度之和，mg/m^3；

　　n——各测点粉尘样品数。

（2）时间加权均数。时间加权均数的计算是用时间作为权数，对粉尘浓度在不同时间上的分布进行调整，使之更符合实际情况的一种计算粉尘平均浓度的方法，其计算公式为

$$C^+ = \frac{C_1 t_1 + C_2 t_2 + C_3 t_3 + \cdots + C_n t_n}{t_1 + t_2 + t_3 + \cdots + t_n}$$

式中　C^+——时间加权均数，mg/m^3；

　　C_n——每次测定的粉尘浓度，mg/m^3；

　　t_n——测尘时间，min。

【例】　　测尘时间/min　　　10、15、13、14、10、11、12、15

　　　　粉尘浓度/($mg \cdot m^{-3}$)　　3、2、5、6、2、4、5、3

时间加权均数为

$$\frac{(10 \times 3) + (15 \times 2) + (13 \times 5) + (14 \times 6) + (10 \times 2) + (11 \times 4) + (12 \times 5) + (15 \times 3)}{10 + 15 + 13 + 14 + 10 + 11 + 12 + 15} =$$

3.78 mg/m^3

（3）几何均数。几何均数是按照倍数进行平均的，第一批粉尘浓度样品离散程度很大，或呈偏态分布时，可用几何均数 G 计算：

$$G = (X_1 X_2 X_3 \cdots X_n)^{1/n}$$

或　　　　　　　　　　$$\lg G = \frac{1}{n} \sum_{i=1}^{n} \lg X_n$$

式中　G——几何均数，mg/m^3；

　　X——粉尘浓度，mg/m^3；

　　n——测定次数。

2. 粉尘合格率的计算

粉尘浓度汇总表的内容中有粉尘"合格率"这项相对频数指标。它为粉尘测定数据符合标准（表15-4）的频数与测尘总频数之比。其计算公式为

$$粉尘合格率 = \frac{粉尘合格个数}{测尘总个数} \times 100\%$$

测点粉尘浓度合格标准，应按国家卫生标准衡量统计。

表15-4　煤矿作业场所粉尘浓度

粉 尘 种 类	游离 SiO₂ 含量 ω/%	时间加权平均容许浓度/(mg·m⁻³)	
		总 粉 尘	呼吸性粉尘
煤尘	$\omega < 10$	4	2.5
硅尘	$10 \leqslant \omega \leqslant 50$	1	0.7
	$50 < \omega \leqslant 80$	0.7	0.3
	$\omega > 80$	0.5	0.2
水泥尘	$\omega < 10$	4	1.5

例如，某煤矿某年共测定300个煤尘样品，其中合格者100个样品，合格率计算如下：

$$煤尘合格率 = \frac{100}{300} \times 100\% = 33.33\%$$

3. 矿井粉尘平均浓度与国家卫生标准比值 K 的计算

$$K = \frac{L}{3}\left(\frac{Y}{2N_1} + \frac{M}{10N_2} + \frac{S}{6N_3}\right)$$

式中　　Y——岩尘的粉尘浓度之和，mg/m³；

　　　　M——煤尘的粉尘浓度之和，mg/m³；

　　　　S——水泥的粉尘浓度之和，mg/m³；

　　　　N_1——岩尘的测点数，个；

　　　　N_2——煤尘的测点数，个；

　　　　N_3——水泥的测点数，个。

　　　　L——当只测岩、煤尘、水泥中的一种时取3；当三种都测时取1；当只测两种时取1.5。

注：当煤尘中 SiO₂ 含量大于10%时，按岩尘计算；当岩尘中 SiO₂ 含量小于10%时，按煤尘计算。

五、测尘数据登记

粉尘测定数据必须准确、及时无误地进行登记。粉尘报表主要有以下几种：

（1）粉尘浓度测定结果原始记录（表15-5）。

（2）粉尘浓度测定月报表（表15-6）。

（3）粉尘浓度测定半月报表（表15-7）。

（4）粉尘浓度测定月度汇总表（表15-8）。

表 15 - 5 粉 尘 浓 度 测 定 结 果 原 始 记 录

测定日期	测定地点	生产工序及使用机械	防尘设施使用情况	样号	粉尘类别	流量/(L·min⁻¹)	采样时间/min	采样前滤膜质量/mg	采样后滤膜质量/mg	增量	浓度/(mg·m⁻³)		备注
											呼尘	全尘	

填报单位:(公章)　　单位负责人:　　审核人:　　制表人:　　报出日期: 年 月 日

表 15 - 6 粉 尘 浓 度 测 定 月 报 表

测定地点	施工单位	测尘日期班次		测点名称	游离SiO₂含量/%	全尘浓度/(mg·m⁻³)		达标情况	呼尘浓度/(mg·m⁻³)		达标情况	防尘设施使用情况	备注
		上半月	下半月			上半月	下半月		上半月	下半月			

填报单位:(公章)　　单位负责人:　　审核人:　　制表人:　　报出日期: 年 月 日

表 15 - 7 粉 尘 浓 度 测 定 半 月 报 表

测定地点	施工单位	测尘日期班次	生产工序	游离SiO₂含量/%	全尘浓度/(mg·m⁻³)	达标情况	呼尘浓度/(mg·m⁻³)	达标情况	防尘设施使用情况	备注

填报单位:(公章)　　单位负责人:　　审核人:　　制表人:　　报出日期: 年 月 日

填报单位：(公章)

表 15-8　粉尘浓度测定月度汇总表

采煤工作面／掘进工作面／巷道支护／转载及装卸点／硐室及其他地点（粉尘浓度测定）

粉尘类别	采煤工作面 粉尘浓度/(mg·m⁻³)								
	平均个数/个	其中							
	1	落煤/个 2	司机处(水泥尘处)/个 3	移架/个 4	打眼/个 5	爆破/个 6	回采放顶/个 7	多工序/个 8	其他/个 9
全尘	1	2	3	4	5	6	7	8	9
呼尘									

掘进工作面 粉尘浓度/(mg·m⁻³)												
平均个数/个 10	其中：半煤岩巷/个 11	煤巷/个 12	岩巷/个 13	机掘/个 14	掘进机司机作业/个 15	司机处 16	抽出式通风 17	打眼 18	爆破 19	装岩 20	多工序 21	其他 22
10	11	12	13	14	15	16	17	18	19	20	21	22

巷道支护 粉尘浓度/(mg·m⁻³)						转载及装卸点粉尘浓度/(mg·m⁻³)	硐室及其他地点粉尘浓度/(mg·m⁻³)
砌碹 23	打锚杆眼 24	打锚杆 25	喷浆 26	搅拌上料 27	装卸料 28	转载及装卸点 29	30
23	24	25	26	27	28	29	30

粉尘检测

粉尘类别	测点个数/个	其中			合格点数/个	其中		K值	合格率/%
		煤尘/个	岩尘/个	水泥尘/个		煤尘/个	水泥尘/个		
全尘	31	32	33	34	35	36	37	38,39	40
呼尘									

粉尘浓度/(mg·m⁻³)			岩尘浓度/(mg·m⁻³)			水泥尘浓度/(mg·m⁻³)			平均浓度/(mg·m⁻³)			
最大值	最小值	平均值	最大值	最小值	平均值	最大值	最小值	平均值	机采面	煤巷机掘面	煤巷炮掘面	其他
41	42	43	44	45	46	47	48	49	50	51	52	53

防尘设施

爆破喷雾			管道过滤器		隔爆水棚 其中			
应设/处	实设/处	其中自动/处	应设/处	实设/处	水棚/处	主要水棚/处	辅助水棚/处	硬质水棚/处
54	55	56	57	58	59			

实设测尘点数/个：掘进工作面／运输支护／采煤工作面／运输转载点／支护

运输系统自动化程度/条：达100%　达50%

其中　综采工作面粉尘浓度之和/(mg·m⁻³)

防尘区队期末在籍防尘人员数/个（自动/个）

其中：行政干部/人　技术人员/人　测尘人员/人　防尘设施安装维修人员/人　洒尘人员/人　专职防尘人员/人　采掘区队专职防尘人员/人　其他区队专职防尘人员/人

备注

单位负责人：　　　审核人：　　　制表人：　　　报出日期：　年　月　日

另外，粉尘测定工作还需要建立一系列台账等。

第二节　粉尘资料分析

不断进行粉尘数据资料的分析，是粉尘治理工作中的一个重要组成部分。其目的就是通过对粉尘检测数据定性和定量的分析，来衡量生产场所粉尘污染的程度，评价各项防尘设施的降尘效果，追踪生产场所粉尘浓度变化动态，以及各类设施的应用与粉尘浓度、游离二氧化硅含量和粉尘分散度的变化规律的关系，以便及时监督防尘设施的使用，及时采取措施消除粉尘隐患，预防煤尘爆炸，制订切实的防尘计划和综合防尘措施。

一、粉尘检测资料分析的依据

主要依据《煤矿安全规程》、煤矿井下综合防尘质量标准及有关的作业规程和规定。

二、需要收集的有关资料

主要包括粉尘浓度测定月度汇总表、粉尘浓度测定月报表、粉尘浓度测定半月报表，以及游离二氧化硅测定资料和粉尘分散度测定资料等。

三、粉尘浓度衡量等级标准

（1）按合格率进行衡量，粉尘浓度等级可划分为四个等级：

一级：合格率90%以上；

二级：合格率80%～90%；

三级：合格率70%～80%；

四级：合格率60%～70%。

（2）按矿井粉尘平均浓度与国家卫生标准比值 K 进行衡量，粉尘浓度等级也划分为四个等级，即 $K \leqslant 1$、$K = 1 \sim 1.5$、$K = 1.5 \sim 2$、$K = 2 \sim 2.5$ 四个等级。

四、粉尘资料的分析方法

分析粉尘检测结果，一般应根据煤矿井下产尘场所、生产工序的不同等状况，选用不同的方法进行。常用的方法有以下几种。

1. 比较分析法

比较分析法是将反映井下产尘地点的两个或两个以上的相同指标进行对比，从数量上确定差异。通过数量上的差异进一步找出差异的原因。具体比较时，一是按照同一产尘地点不同生产工序所测定的粉尘浓度进行对比，通过对粉尘浓度结果的比较，可以清楚地分析出产尘量大的工序，以便加强防尘措施的落实；二是按照同一产尘地点同一生产工序不同时期的粉尘浓度的变化情况，进行对比分析，可以进一步研究粉尘的变化与防尘措施的实施情况之间的相互关系；三是按照同一产尘地点同一生产工序在采取不同防尘措施的情况下粉尘浓度及粉尘分散度的变化情况，可以进一步研究粉尘的变化与防尘措施的实施情况之间的相互关系。比较时要注意指标在内容、时间、计算方法等方面的一致性和可比性。

2. 构成比率法

构成比率法是通过计算粉尘合格率这样一个指标，求出有关指标的相关关系。合格率是指粉尘合格个数占总体粉尘测定个数的比重，反映部分与总体的关系。通过构成比率，可以考察某个产尘地点、某个生产工序在矿井的整个生产过程中防尘措施的落实和防尘工作的管理是否合理，以便改进防尘工作。

运用构成比率法时，应注意分析的指标间的相关性，一般要与比较分析法结合应用。

3. 因素法

因素法是定性分析几个相互联系的因素对某项指标的影响程度。常用的因素法是按一定的替代顺序，利用各个因素实际发挥的作用与理论上应发挥的作用的差异，来确定每一个因素单独变化对粉尘浓度变化的影响程度。

4. 趋势法

趋势法是指对同产尘场所同一生产工序在不同时期测得的粉尘浓度结果进行比较，求出它们增减变动的方向和幅度。分析该指标的变动趋势，并以此推测防尘措施的应用状况是恶化还是越来越好。

第三节　矿井综合防尘措施的制定

一、矿井综合防尘措施

矿井应采取的综合防尘措施如下：

（1）矿井主要运输巷道、采区回风巷、带式输送机斜井、带式输送机运输平巷、上下山、采煤工作面巷道、掘进巷道、溜煤眼翻车机、输送机转载点等处均要设置防尘管路，带式输送机和带式输送机斜井管路每隔 50 m 设一个三通阀门，其他管路每隔 100 m 设一个三通阀门。

（2）设立水源充足的水池，能满足井下连续 2 h 以上的防尘用水量，地面水池容量不小于 200 m³，并有备用水池；水质清洁，水中悬浮物含量不得超过 150 mg/L，粒径不大于 0.3 mm，水的 pH 值应在 6~9.5 范围内。

（3）开采有煤尘爆炸危险煤层的矿井，在矿井两翼、相邻的采区、相邻的煤层和相邻的采煤工作面之间，都必须用水棚或岩粉棚等隔爆设施隔开。

（4）采区进风巷、回风巷、主要进风大巷及进风井都必须安装净化水幕，并实现自动化。

（5）井下所有运煤转载点必须有完善的喷雾装置或设置捕尘器，并实现自动化。

（6）转载点的落差不得大于 0.5 m，装煤点的放煤口距矿车不得大于 0.4 m，并要安装自动控制喷雾装置。

（7）采煤工作面进风巷、回风巷及煤层（含半煤岩）掘进巷道必须按规定设置水棚或岩粉棚等隔爆设施。

二、采区综合防尘措施

采区应采取的综合防尘措施如下：

（1）采区进风巷、回风巷、主要进风大巷及进风井都必须安装净化水幕，并实现自动化。

（2）井下所有运煤转载点必须有完善的喷雾装置或设置捕尘器，并实现自动化。

（3）转载点的落差不得大于 0.5 m，装煤点的放煤口距矿车不得大于 0.4 m，并要安装自动控制喷雾装置或设置捕尘器，实现自动控制。

（4）工作面回风巷必须按规定设置水棚。

三、掘进工作面综合防治措施

炮掘工作面综合防尘措施是指湿式喷浆、湿式打眼、爆破喷雾、除尘风机、冲洗巷帮、水炮泥、装煤（岩）洒水和净化风流等综合防尘措施。

（一）总体要求

（1）煤矿井下所使用的防、降尘装置和设备应符合国家及行业相关标准的要求，并保证其正常运行。

（2）工作面设置防尘设施管理牌板，标明工作面防尘设施种类、数量等内容。

（3）炮掘工作面粉尘检测采样点布置在打眼、爆破、耙装作业、打锚杆眼、搅拌上料、喷浆作业、工作面回风巷等处（表 15 - 9）。

表 15 - 9　炮掘工作面粉尘浓度测定的测点布置

测 点 名 称	测 尘 点 位 置
打眼	打眼时工人作业地点
爆破	爆破后工人进入现场的工作地点
耙装作业	耙装作业时工人作业地点
打锚杆眼	工人作业地点
搅拌上料	工人作业地点
喷浆作业	工人作业地点
工作面回风巷	多工序作业时回风侧 10 ~ 15 m 处

（4）综掘工作面粉尘检测采样点布置在掘进机作业、综掘机司机处、打锚杆眼和工作面回风巷、搅拌上料和喷浆作业等处（表 15 - 10）。

表 15 - 10　综掘工作面粉尘浓度测定的测点布置

测 点 名 称	测 尘 点 位 置
掘进机作业	掘进机作业时回风侧 4 ~ 5 m 处
掘进机司机处	掘进机作业时司机工作地点
打锚杆眼	打锚杆眼时工人作业地点
工作面回风巷	多工序作业时回风侧 10 ~ 15 m 处
搅拌上料	工人作业地点
喷浆作业	工人作业地点

（5）炮掘工作面爆破 15 min 后回风流总粉尘降尘效率应大于或等于 95%，呼吸性粉尘降尘效率应大于或等于 80%；综掘工作面高瓦斯、突出矿井的掘进机司机工作地点和机组后回风侧总粉尘降尘效率应大于或等于 85%，呼吸性粉尘降尘效率应大于或等于 70%；其他矿井的掘进机司机工作地点和机组后回风侧总粉尘降尘效率应大于或等于 90%，呼吸性粉尘降尘效率应大于或等于 75%；钻眼工作地点的总粉尘降尘效率应大于或等于 85%，呼吸性粉尘降尘效率应大于或等于 80%。

（6）锚喷作业应采取粉尘综合治理措施，作业人员工作地点总粉尘降尘效率应大于或等于 85%。

（7）个体防护：作业人员应佩戴新型高效防尘口罩。

（8）在防尘用水中可添加化学降尘剂提高防尘效果，各类降尘剂应有卫生检测报告。

（二）防尘供水系统

（1）防尘供水系统中，应安装水质过滤装置，保证水的清洁，水质过滤器 10 天反冲洗一次。水中悬浮物的含量不得超过 150 mg/L，粒径不大于 0.3 mm，水的 pH 值应在 6.0~9.5 范围内。

（2）带式输送机运输平巷管路每隔 50 m 设一个固定手柄三通阀门。每个三通阀门处应配备消防洒水高压胶管，胶管长度不少于 25 m，盘放整齐。设在带式输送机一侧的防尘管路、阀门要引到人行道一侧。

（3）防尘管路每 200 m 及巷道汇合、分岔处设置标示，包括管路尺寸、水流方向、管理责任人等内容。三通阀门要注明用途，设置标示牌。

（4）掘进工作面供水管路应满足以下要求：

①主供水金属管路的管径不小于 75 mm。

②供水管路管内的供水流量要符合工作面设计要求。

③在掘进巷道开门点附近进水管路中安装可反冲洗的水质过滤器，过滤网不低于 120 目，进水管路中安设压力表距离工作面不大于 300 m，进水管路末端安设同径分水器，各防尘设施进水前要安设水质过滤器。综掘机进水管路前端安设不低于 120 目的水质过滤器，并跟机行走，过滤器质量要可靠并可反冲洗，定期进行冲洗。

（三）炮掘工作面粉尘治理

炮掘工作面应采用爆破喷雾、除尘风机、水幕净化、喷雾和冲刷除尘等配合通风进行粉尘治理，主要设施布置如图 15－1 所示。

1. 爆破作业防尘

（1）爆破使用水炮泥，现场有水针和水炮泥存放箱。

（2）采取湿式打眼。

（3）安设爆破远程自动喷雾装置，爆破过程中采用高压喷雾（喷雾压力不低于 8 MPa）或压气喷雾降尘，爆破喷雾喷头距离迎头不超过 20 m，能喷到迎头，雾化效果好，覆盖全断面。

2. 耙装作业防尘

耙装机转载点应安设自动喷雾装置，喷嘴不少于 2 个。

3. 净化水幕、捕尘帘

（1）安设 2 道净化水幕，覆盖全断面，使用水质过滤器，挂牌管理。

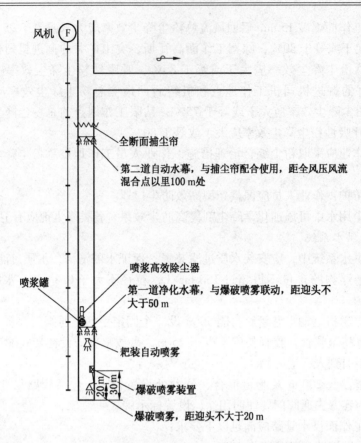

图 15 – 1　炮掘工作面综合防尘设施布置示意图

（2）第一道水幕安设在耙装机后，距迎头不大于 50 m，并与爆破喷雾联动；第二道水幕在开门点以里 100 m 处安设，为自动水幕，并与捕尘帘配合使用。

（3）当掘进距离小于 50 m 时，第二道水幕可安设在开门点回风侧 100 m 以里，必须实现自动。

（4）捕尘帘网格尺寸不得大于 3 mm × 3 mm，使用框架结构，为满足巷道变化的要求，加工可以伸缩的捕尘帘框架。定期对捕尘网进行清理、冲洗。

（5）炮掘工作面净化水幕的技术参数：

①喷雾压力：不小于 2.0 MPa。

②喷嘴直径：1.5 mm 左右。

③喷嘴类型：宜选用射体近似平面形的扇形喷嘴（雾流扩散角不小于 100°）。

④喷头个数：不少于 5 个（扇形陶瓷喷嘴可适当减少）。

（6）风流净化水幕安装要求：

①水幕雾化后应封闭巷道全断面，且雾化效果好。水幕开关阀门灵敏可靠，不漏水（滴水不成线）。

②根据巷道的实际形状加工相应的水幕，水幕固定牢靠。

③水幕实行挂牌管理，责任到人。

4. 喷浆作业

（1）宜采用湿式喷浆技术。

（2）锚喷作业时，采用低风压近距离喷射工艺，砂石粒径符合规定，采用潮料喷浆并使用除尘风机，上料口及排气口配备捕尘装置。

（3）除尘风机在喷浆罐下风侧 1 m 位置，除尘风机安装吸风口，吸风口内安设至少两个喷嘴，吸风口正对上料口。

（4）喷浆作业时，在喷浆作业地点下风流 50 m 范围内安设一道水幕，并与捕尘帘配合使用。

5. 粉尘冲刷

（1）配备专责防尘人员，每班定期对责任区域冲尘和清扫粉尘，杜绝积尘。

（2）爆破前后对工作面 30 m 范围洒水除尘，装矸前对距离工作面 30 m 范围内的巷道和装煤（矸）洒水除尘一遍。

（3）填写防尘管理牌板，牌板内容包括巷道冲刷周期、冲刷范围、冲刷日期等，并做好记录。

（四）综掘工作面粉尘治理

综掘工作面应采用综掘机外喷雾、除尘器、水幕净化、喷雾和冲刷除尘等配合通风进行粉尘治理，主要设施布置如图 15 - 2 所示。

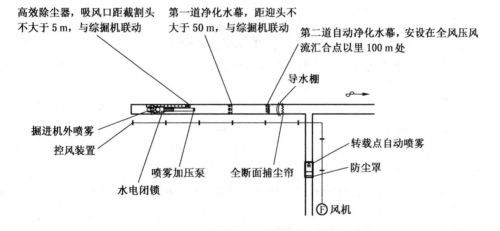

图 15 - 2　综掘工作面综合防尘设施布置示意图

1. 控风装置

综掘工作面控风装置安装在局部通风机风筒出风口处，将压入的轴向风改为垂直煤壁的径向风。当除尘器工作时，关闭控风装置端头的排风口，风流即从其狭缝状的喷口高速横向吹出，在掘进机司机前方形成空气屏幕阻止粉尘由工作面向外扩散，提高了除尘器除尘效率。控风装置与风筒同径。

2. 长压短抽除尘

（1）长压短抽。长压由压入局部风机和风筒组成；短抽由吸尘口、负压风筒和湿式除尘器等组成，在掘进机司机座位前方设置吸尘口，利用抽出式风机产生的负压，将含尘空气吸入除尘器净化。

（2）综掘工作面必须使用高效大功率除尘风机，除尘风机吸尘口距截割头不得大于5 m。除尘风机距离迎头不得超过 150 m。除尘风机吸风量应大于压入式风机出口风量的20%。

（3）安装综掘机时同步安装除尘风机，除尘风机与综掘机实现联动。

综掘工作面除尘风流如图 15 - 3 所示。

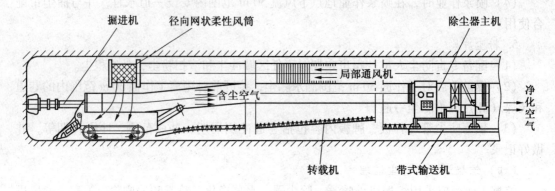

图 15 - 3　综掘工作面除尘风流示意图

3. 净化水幕、捕尘帘

（1）综掘工作面安设 2 道净化水幕，覆盖全断面。

（2）第一道水幕距迎头不超过 50 m，并与综掘机联动，开启综掘机截割头即开启第一道水幕；第二道水幕自开门点以里 100 m 处安设，第二道为自动水幕，并与捕尘帘配合使用，自动水幕皮带上方安设导水棚。

（3）所有净化水幕必须覆盖全断面，使用水质过滤器，挂牌管理。当掘进距离小于50 m 时，第二道水幕可安设在开门点回风侧 100 m 以里，必须实现自动。

（4）捕尘帘网格尺寸不得大于 3 mm×3 mm，使用框架结构，为满足巷道变化的要求，加工可以伸缩的捕尘帘框架。定期对捕尘网进行清理、冲洗。

（5）巷道喷浆作业时，在喷浆作业地点下风流 50 m 范围内安设一道水幕，并与捕尘帘配合使用。

（6）综掘工作面净化水幕的技术参数：

①喷雾压力：不小于 2.0 MPa。

②喷嘴直径：1.5 mm 左右。

③喷嘴类型：宜选用射体近似平面形的扇形喷嘴（雾流扩散角不小于 100°）。

④喷头个数：不少于 5 个（扇形陶瓷喷嘴可适当减少）。

（7）风流净化水幕安装要求：

①水幕实行挂牌管理，责任到人。

②水幕雾化效果好，应封闭巷道全断面。

③水幕开关阀门灵敏可靠，不漏水（滴水不成线）。

④根据巷道的实际形状加工相应的水幕，水幕要固定牢靠。

4. 综掘机外喷雾装置

（1）综掘机作业时，应使用外喷雾装置，喷雾能覆盖截割区域。

（2）喷嘴应符合《煤矿降尘用喷嘴通用技术条件》（MT/T 240—1997）的规定。外喷雾压力不得小于 8 MPa。

（3）综掘工作面净化水幕的技术参数：

①喷嘴直径：1.5 mm 左右。

②喷嘴类型：锥形喷嘴。

③喷头个数：不少于 20 个。

5. 转载喷雾装置、防尘罩

（1）综掘工作面转载点安装喷雾装置。溜煤眼转载点采取封闭除尘措施。

（2）综掘工作面转载喷雾的技术参数：

①供水压力：2.0 MPa 以上。

②喷嘴应符合《煤矿降尘用喷嘴通用技术条件》（MT/T 240—1997）的规定。

③喷嘴直径：1.5 mm 左右。

④喷嘴类型：锥形喷嘴。

⑤喷头个数：至少 2 个。

（3）转载点落差宜不大于 0.5 m，若超过 0.5 m，则必须安装溜槽或导向板。

（4）转载点喷雾应相对固定，喷雾能够覆盖整个转载点。

（5）溜煤眼转载点喷雾要实现自动化，并安装防尘罩，防尘罩留有观察窗。

6. 喷雾加压泵

（1）综掘工作面应设置喷雾加压泵。

（2）喷雾加压泵基本要求：

①公称压力：大于或等于 8 MPa。

②公称流量：大于或等于 50 L/min。

7. 粉尘冲刷

（1）坚持定期冲尘和清扫粉尘，在井下各地点杜绝积尘。

（2）综掘工作面每班至少洒水除尘一遍。工作面及迎头向外 100 m 范围，出风口以外 100 m 必须每班洒水一次。

（3）填写防尘管理牌板，牌板内容包括巷道冲刷周期、冲刷范围、冲刷日期等，并做好记录。

（4）配备专责防尘人员，每班负责责任区内的防尘工作。

（五）预防和隔绝煤尘爆炸

（1）综掘、炮掘（半煤岩）工作面应制定预防和隔绝煤尘爆炸的措施及管理制度，并组织实施。每周应至少检查一次煤尘隔爆设施的安装地点、数量、水量或岩粉量及安装质量是否符合《煤矿用隔爆水槽和隔爆水袋通用技术条件》（MT 157—1996）的要求，并悬挂隔爆设施管理牌板。

（2）第一组隔爆水棚与工作面的距离为 60～200 m，棚区长度不少于 20 m。

（3）辅助隔爆水棚应满足以下要求：

①水棚包括水槽和水袋，水槽和水袋应符合《煤矿用隔爆水槽和隔爆水袋通用技术条件》（MT 157—1996）的要求，水袋宜作为辅助隔爆水棚并编号管理。

②水棚的用水量按巷道断面面积计算：水量不小于 200 L/m²。

③水棚的排间距应为 1.2 ~ 3 m。

④水棚占据巷道宽度的和与巷道最大宽度的比例为：$S < 10\ m^2$ 时，至少是 50%；$S \geqslant 10\ m^2$ 时，至少是 65%。

⑤水槽（袋）之间的间隙与水槽（袋）同支架或巷壁之间的间隙之和不得大于 1.5 m，特殊情况下不得大于 1.8 m；两水槽（袋）之间的间隙不得大于 1.2 m。

四、采煤工作面综合防尘措施

（一）总体要求

（1）煤矿井下所使用的防、降尘装置和设备应符合国家及行业相关标准的要求，并保证其正常运行。

（2）工作面设置防尘设施管理牌板，标明工作面防尘设施种类、数量等内容。

（3）综放工作面粉尘检测采样点布置在司机操作采煤机、液压支架工移架、放煤工放煤时工人作业地点，以及回风巷距工作面 20 m 处（表 15 – 11）。

表 15 – 11　综放工作面粉尘浓度测定的测点布置

测 点 名 称	测 尘 点 位 置
采煤机作业	司机工作地点
移架	移架工工作地点
工作面回风巷	工作面多工序同时作业时距工作面 10 ~ 15 m 处

（4）综采工作面粉尘检测采样点布置在司机操作采煤机、液压支架工移架时工人作业地点，以及回风巷距工作面 20 m 处（表 15 – 12）。

表 15 – 12　综采工作面粉尘浓度测定的测点布置

测 点 名 称	测 尘 点 位 置
采煤机作业	司机工作地点
移架	移架工工作地点
放煤	放煤工工作地点
工作面回风巷	工作面多工序同时作业时距工作面 10 ~ 15 m 处

（5）薄煤层综采工作面粉尘检测采样点布置在司机操作采煤机、液压支架工移架时工人作业地点，以及回风巷距端头 10 ~ 15 m 处（表 15 – 13）。

表 15 – 13　薄煤层综采工作面粉尘浓度测定的测点布置

测 点 名 称	测 尘 点 位 置
采煤机作业	司机工作地点
移架	移架工工作地点
工作面回风巷	工作面多工序同时作业时距工作面 10 ~ 15 m 处

（6）工作面应采取粉尘综合治理措施，落煤时产尘点下风侧 10～15 m 处总粉尘降尘效率应大于或等于 85%。支护时产尘点下风侧 10～15 m 处总粉尘降尘效率应大于或等于 75%。回风巷距工作面 10～15 m 处总粉尘降尘效率应大于或等于 75%。放顶煤时产尘点下风侧 10～15 m 处总粉尘降尘效率应大于或等于 75%。

（7）个体防护：作业人员应佩戴新型高效个体防尘用具。

（8）综采（放）工作面可在防尘用水中添加物理化学降尘剂提高防尘效果，各类降尘剂必须有卫生检测报告。

（二）防尘供水系统

（1）防尘供水系统中，应安装水质过滤装置，保证水的清洁，水质过滤器 10 天反冲洗一次。水中悬浮物的含量不得超过 150 mg/L，粒径不大于 0.3 mm，水的 pH 值应在 6.0～9.5 范围内。

（2）通风巷道均要设置防尘管路（垂直巷道及间距小于 100 m 的联络巷，且联络巷两端口留有防尘三通及软管者除外）。

（3）带式输送机运输平巷胶带斜井管路每隔 50 m 设一个固定手柄三通阀门。每个三通阀门处应配备消防洒水高压胶管，胶管长度不少于 25 m，并盘放整齐。设在带式输送机一侧的防尘管路，阀门要引到人行道一侧。

（4）防尘管路每 200 m 及巷道汇合、分岔处设置标示，包括管路尺寸、水流方向、管理责任人等内容。三通阀门要注明用途，设置标示牌。

（5）供水管路应满足以下要求：

①综采（放）采煤工作面主供水金属管路的管径不小于 75 mm，工作面采取双路以上供水时，供水管路采用不小于 ϕ32 mm 的高压胶管。但当工作面采取单路供水时，则应采用大于 ϕ51 mm 的高压胶管。

薄煤层综采工作面主供水金属管路的管径不小于 50 mm，工作面采取双路以上供水时，供水管路采用不小于 ϕ25 mm 的高压胶管。但当工作面采取单路供水时，则应采用大于 ϕ31.5 mm 的高压胶管。

②采煤工作面供水管路内的供水流量及压力要符合工作面设计要求。

③采煤工作面供水管路中三通阀门所配备的高压闸阀通径同管径。

④采煤工作面各防尘设施进水前要安设水质过滤器，采煤工作面巷道入口处进水管路中，转载机和泵站前端进水管路中要安装可反冲洗的水质过滤器，过滤网不低于 120 目，并定期进行冲洗。

⑤供水管路距工作面 300 m 范围内应安装压力表。

（三）煤尘治理

综采（放）工作面应采用水幕净化、喷雾、积尘冲刷和煤层注水等方法配合通风进行煤尘治理，主要设施布置如图 15-4、图 15-5 所示。

1. 净化水幕

（1）采煤工作面进风巷设置 2 道水幕。第一道水幕距工作面不超过 30 m 处；第二道水幕设在工作面进风巷风流汇合点以里不大于 100 m 处，并实现自动喷雾。

（2）采煤工作面回风巷设置 2 道水幕。第一道水幕设在距工作面不超过 30 m 处，与转载机联动；第二道自动水幕设在风流汇合点 100 m 以里，第二道自动水幕采用微震动控

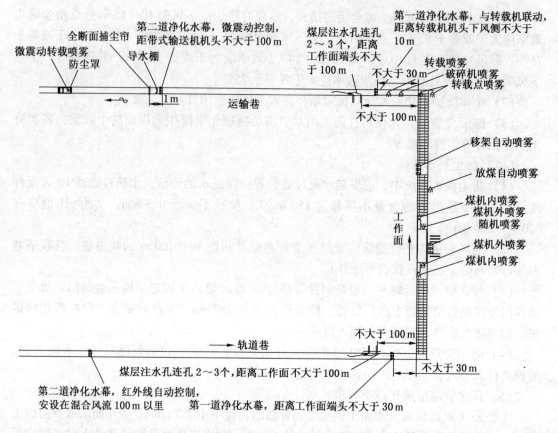

图 15-4　综放工作面综合防尘设施布置示意图

制，同时与捕尘帘配合使用，水幕安装在捕尘帘上风侧，喷嘴喷射出的扇形喷雾与巷道平行，喷射在捕尘帘上沿。

（3）捕尘帘网格尺寸不大于 3 mm×3 mm，使用框架结构，定期进行清理、冲洗，及时修补捕尘帘破口。当有 2 处破口大于 100 mm×100 mm 时，应及时更换，当粉尘堵塞网格占捕尘帘网格的 1/3 时，应及时更换。

（4）工作面自动化控制净化水幕的技术参数：

①喷雾压力：不小于 2.0 MPa。

②喷头数量：不少于 5 个。

③喷嘴直径：1.5 mm 左右。

④喷嘴类型：宜选用射体近似平面形的扇形喷嘴（雾流扩散角不小于 100°）。

（5）风流净化水幕安装要求：

①水幕实行挂牌管理，责任到人。

②水幕雾化后应封闭巷道全断面，且雾化效果好。

③根据巷道的实际形状加工相应的水幕，水幕要固定牢靠。

2. 内喷雾装置

1）综采（放）工作面采煤机

（1）采煤机应安设内喷雾装置。

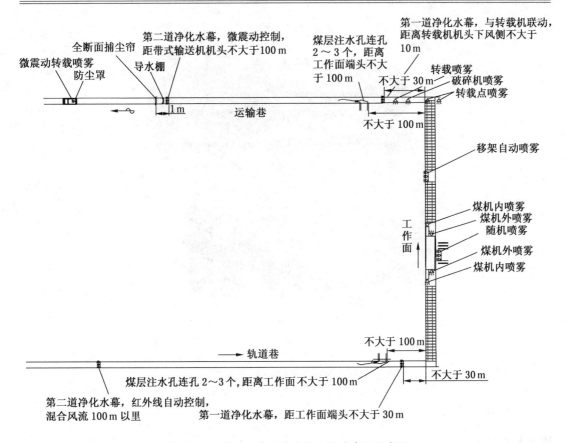

图 15 – 5 综采工作面综合防尘设施布置示意图

（2）采煤机实现水电闭锁、随机喷雾。

（3）内喷雾喷头镶嵌在采煤机滚筒上，为滚筒内置方式，开机即喷雾（图 15 – 6）。

（4）采煤机内喷雾的技术参数：

①喷嘴应符合《煤矿降尘用喷嘴通用技术条件》（MT/T 240—1997）的规定。

②供水压力：5 ~ 12 MPa。

③喷嘴直径：1. 2 ~ 1. 5 mm。

④喷嘴类型：采用锥形高压喷嘴。

⑤单个喷嘴喷雾流量：1. 0 ~ 2. 0 L/min。

⑥喷射扩散角：30° ~ 40°。

⑦喷嘴数量：应不少于截齿的个数。

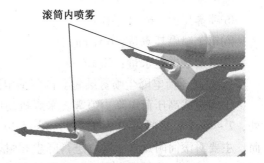

图 15 – 6 采煤机内喷雾示意图

2）薄煤层采煤机内喷雾

喷头固定在采煤机滚筒上，为滚筒内置方式，开机即喷雾，内喷雾压力不得小于 4 MPa。喷嘴应符合《煤矿降尘用喷嘴通用技术条件》（MT/T 240—1997）的规定。

3. 采煤机外喷雾

采煤机外喷雾必须采用负压二次降尘喷雾装置或高压荷电降尘喷雾装置。

（1）采煤机负压二次降尘技术。采煤机安装负压二次降尘装置进行降尘（图 15 – 7），

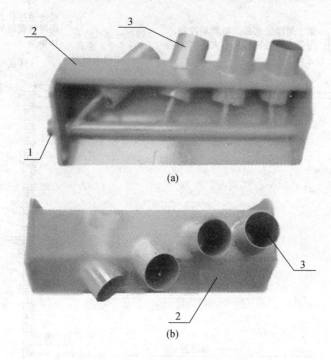

1—进水口；2—支架；3—喷射筒

图 15 - 7　负压二次降尘装置图

技术参数如下：

①供水压力：大于 8 MPa。

②喷嘴应符合《煤矿降尘用喷嘴通用技术条件》（MT/T 240—1997）的规定。

③喷嘴类型：不锈钢广角旋口 X 陶瓷芯喷嘴。

④喷嘴直径：1.2 ~ 1.5 mm。

⑤喷雾压力：6 ~ 10 MPa。

⑥单个喷嘴耗水量：6 L/min。

⑦每套装置耗水量：50 L/min。

（2）高压荷电降尘喷雾装置。高压荷电降尘喷雾装置包括固定式和可调式两种。

①固定式高压荷电降尘喷雾。采煤机高压荷电降尘喷雾装置安装在采煤机两端头机身处，7 ~ 10 个锥形喷嘴分为上下两排，上边一排 4 ~ 5 个喷嘴，与水平呈 + 30°，对向滚筒，主要对滚筒附近含尘空气进行降尘和引射，控制采煤机附近风流场，要求喷嘴喷射距离为 5 m 以上，喷射速度大，并且覆盖滚筒。下边一排 3 ~ 5 个喷嘴，与水平呈 - 30°，对向滚筒与采煤机之间，主要捕捉呼吸性粉尘，要求喷嘴雾化好，雾粒细，荷电量大，喷射距离为 3 m 左右。上下两排喷嘴错开布置，具体布置如图 15 - 8 所示。

技术参数如下：

（a）供水压力：8.0 MPa 以上（项目中大于 7.2 MPa）。

（b）喷嘴直径：0.8 ~ 1.0 mm。

（c）喷嘴类型：锥形喷嘴（雾流扩散角为 55°左右）。

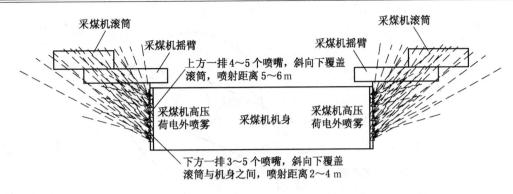

图 15 - 8　高压荷电降尘喷雾装置示意图

（d）单个喷嘴喷雾流量：2 ~ 5 L/min。

（e）喷嘴射程：上方喷嘴有效射程为 5 ~ 6 m，下方喷嘴有效射程为 3 ~ 3.5 m。

（f）喷嘴应符合《煤矿降尘用喷嘴通用技术条件》（MT/T 240—1997）的规定。

（g）喷嘴雾粒荷电性：荷电雾粒占总雾粒的 85% 以上。

②可调式高压荷电降尘喷雾。可调节外喷雾装置安装在采煤机两端头电机箱处，高度可上下调节，9 个锥形喷嘴分为上下两排，上边一排 5 个喷嘴，与水平呈 +30°，下边一排 4 个喷嘴，与水平呈 -30°，两排喷嘴错开布置，喷嘴垂直对向滚筒喷射。采煤机可调节外喷雾如图 15 - 9 所示。

技术参数如下：

（a）供水压力：大于 8 MPa。

（b）喷嘴应符合《煤矿降尘用喷嘴通用技术条件》（MT/T 240—1997）的规定。

（c）喷嘴类型：不锈钢广角旋口 X 陶瓷芯喷嘴。

（d）喷嘴直径：1.2 ~ 1.5 mm。

（e）喷射扩散角：70° ~ 80°。

（f）单个喷嘴耗水量：3 ~ 5 L/min。

（g）每套装置耗水量：27 ~ 45 L/min。

（h）喷嘴数量：应不少于 9 个。

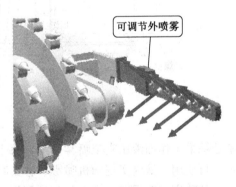

图 15 - 9　采煤机可调节外喷雾示意图

（3）薄煤层外喷雾。

①喷嘴的布置方式及喷雾方向：采煤机摇臂上带有外喷雾装置的，可使用自带外喷雾装置；采煤机摇臂上无外喷雾装置的，应在截割部摇臂上安设 2 个喷嘴，喷嘴安装在采煤机滚筒外侧，喷头喷向滚筒。采煤机外喷雾喷射方向要对准截割区及扬尘点，还应兼顾有利于将粉尘移向煤壁（图 15 - 10）。

②采煤机外喷雾系统技术参数：采煤机用水使用轨道巷泵站的高压水，外喷雾压力不得小于 4 MPa，供水管路采用 φ25 mm 高压胶管。

4. 综采（放）工作面液压支架随机喷雾、移架喷雾、放煤喷雾

综放工作面液压支架喷雾系统，每个支架共安设 8 个喷嘴，安装位置如图 15 - 11 所

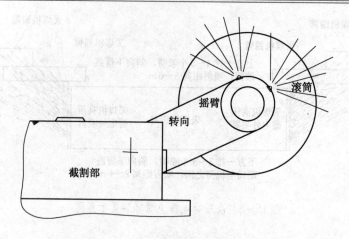

图 15 - 10　采煤机外喷雾喷射方向布置图

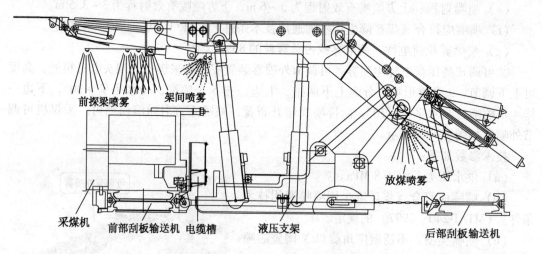

图 15 - 11　综放工作面液压支架喷雾系统喷嘴布置图

示。综采工作面液压支架喷雾系统，每个支架共安设 6 个喷嘴，安装位置如图 15 - 12 所示。可使用电液阀实现随机喷雾、移架喷雾和放煤喷雾，无电液阀的综放工作面应安装智能定位喷雾控制系统，实现收放护帮板、降架、移架、放煤时，在风流下方同时开启 2 ～ 5 组全断面扇形喷雾水幕。

1）支架移架自动喷雾

综放工作面每个支架安设一组架间喷雾，每架 6 个喷嘴，每组支架安设机道喷雾（2 个喷嘴）、移架喷雾（4 个喷嘴），工作面实现移架、放煤自动喷雾。收护帮板时下风侧临架机道喷雾开启，伸护帮板时机道喷雾关闭；降架时下风侧临架移架喷雾开启，升架时移架喷雾关闭。

综采工作面每个支架安设一组架间喷雾，每架 6 个喷嘴，实现工作面移架自动喷雾。收护帮板时下风侧临架机道喷雾开启，伸护帮板时机道喷雾关闭；降架时下风侧临架移架喷雾开启，升架时移架喷雾关闭。

2）综放工作面支架放煤自动喷雾

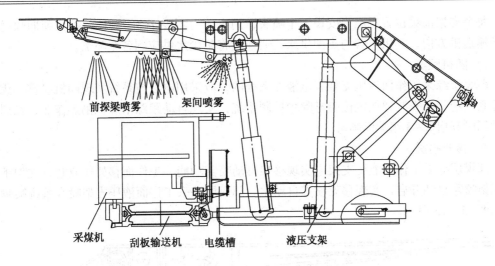

图 15 - 12　综采工作面液压支架喷雾系统喷嘴布置图

每个支架尾梁安设一组放煤喷雾，每架 2 个喷嘴，安装在支架底座箱四连杆下铰接销向上 300 mm 处，垂直于连杆，与放煤操作阀联动，用于控制放煤产生的粉尘。放煤收插板或降尾梁时本架放煤喷雾开启，伸插板和升尾梁时放煤喷雾关闭。

3）随机自动喷雾

工作面安装随机自动喷雾系统。采煤机割煤作业时，采煤机内侧红外线定位发射器发出采煤机位置信号，固定在液压支架上的红外线定位接收控制箱收到采煤机位置信号后，传送至工作面定位喷雾显示控制箱，显示控制箱按预先设定的程序，自动顺序开启/关闭下风侧 2~5 组架间喷雾。

支架喷雾用水使用泵站的加压水，压力为 10.0 MPa，主防尘供水管路采用 ϕ108 mm 钢管，连接到支架上的喷雾供水管路采用 ϕ32 mm 高压胶管。通过在支架顶梁上固定喷雾四通的方式将防尘水供应到各个喷嘴。

喷雾技术参数如下：

（1）供水压力：大于 8 MPa。

（2）喷嘴应符合《煤矿降尘用喷嘴通用技术条件》（MT/T 240—1997）的规定。

（3）喷嘴类型：不锈钢广角旋口 X 陶瓷芯喷嘴。

（4）喷嘴直径：1.2~1.5 mm。

（5）喷射扩散角：70°~80°。

（6）单个喷嘴耗水量：3~5 L/min。

（7）每套装置耗水量：18~30 L/min。

4）液压支架喷雾系统的基本要求

（1）喷雾系统各部件的设置，应能可靠地防止被损（砸）坏。

（2）喷雾系统各部件不应造成大的水压损失。

（3）喷雾系统的结构和设置位置，应便于安装、维修和更换。

5. 薄煤层工作面液压支架架间喷雾、随机喷雾和移架喷雾

1）架间喷雾

每个支架前梁位置应至少安设 1 个喷头，用水压力不少于 8.0 MPa，喷头朝向煤壁和刮板输送机方向，其供水管与支架供水三通连接将防尘水供应到各个喷嘴。

2）随机喷雾

薄煤层综采工作面液压支架有电液控系统的，应采用电液控系统实现随机喷雾；无电液控系统的，应安装智能定位喷雾除尘控制系统，实现自动跟踪采煤机割煤作业，在风流下方同时开启 2～3 组架间喷雾。

3）移架喷雾

薄煤层综采工作面液压支架应实现移架自动喷雾功能，工作面移架作业时，支架下风侧邻架喷雾自动开启，实现移架喷雾自动化。薄煤层综采工作面液压支架喷雾系统喷嘴布置如图 15 - 13 所示。

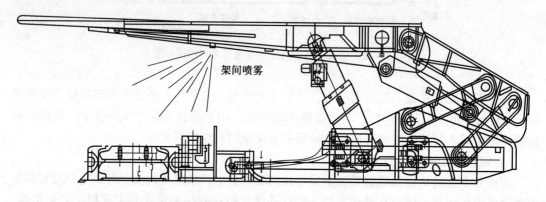

图 15 - 13　薄煤层综采工作面液压支架喷雾系统喷嘴布置图

6. 综采（放）工作面煤流运输系统喷雾

（1）综放工作面煤流运输系统在以下 5 个位置安设喷嘴：

①前部输送机转载点。

②后部输送机转载点。

③破碎机处。

④转载机处卸载点。

⑤带式输送机处。

（2）综采工作面煤流运输系统在以下 4 个位置安设喷嘴：

①输送机转载点。

②破碎机处。

③转载机处卸载点。

④带式输送机处。

（3）综采工作面（综放工作面前后部）输送机转载点喷雾应固定在转载机挡煤板上，安装 2 组，每组安设不少于 3 个喷嘴，喷嘴间距为 200～300 mm，前后布置，至少有一组对卸载点除尘。

在转载机入口、破碎机前后、转载机桥部、转载机卸载点各安装一组喷雾（图 15 - 14）。转载机运转时，自动喷雾。破碎机应采取有效的封闭措施喷雾降尘。

（4）带式输送机转载点安装防尘罩封闭，采用自动控制喷雾，对卸载点封闭除尘。

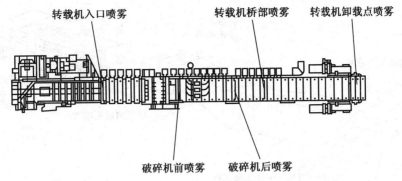

图 15 - 14　转载机、破碎机转载点喷雾

（5）转载喷雾技术参数：

①适用水压范围：2.0～6.0 MPa。

②喷嘴应符合《煤矿降尘用喷嘴通用技术条件》（MT/T 240—1997）的规定。

③喷嘴类型：不锈钢广角旋口 X 陶瓷芯喷嘴。

④喷嘴直径：1.2～1.5 mm。

⑤喷射扩散角：30°～40°。

⑥单个喷嘴耗水量：3～5 L/min。

（6）喷雾加压泵及清水箱。泵站应设置 3 台加压泵和 2 个清水箱。

①喷雾加压泵基本要求：

公称压力：大于或等于 16 MPa。

公称流量：大于或等于 315 L/min。

②清水箱基本要求：

公称容积：大于或等于 3000 L。

所配置的过滤器精度为 105 μm。

（7）工作面的高压胶管应有安全防护措施。高压胶管的耐压强度应大于喷雾泵站额定压力的 1.5 倍。

7. 薄煤层工作面运输系统转载喷雾系统

主要在薄煤层综采工作面运输系统 3 个具体位置安设喷嘴：

（1）刮板输送机机头处：工作面刮板输送机转载点喷雾应固定在转载机挡煤板上，挡煤板要适当加高，每个转载点应安设 2 组喷雾，确保始终有 1 组喷雾能有效覆盖转载处。

（2）转载机机头处：应安设至少 2 个喷嘴，并在转载机下风侧 10～15 m 处安设净化水幕，净化水幕与转载机喷雾联动。

（3）带式输送机机头处：应安设至少 2 个喷嘴，采用自动控制喷雾与带式输送机联动，并安设防尘罩进行封闭除尘。

（4）转载喷雾技术参数：

①适用水压范围：2.0～6.0 MPa。

②喷嘴应符合《煤矿降尘用喷嘴通用技术条件》（MT/T 240—1997）的规定。

③单个喷嘴喷雾流量：8～10 L/min。

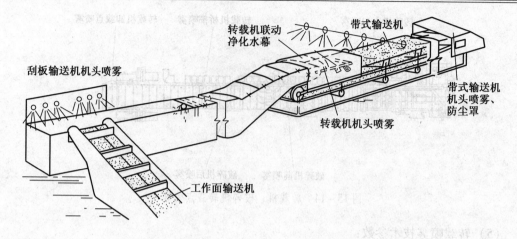

图 15 - 15　刮板输送机、转载机、带式输送机喷雾系统

④直径：1.5 mm 左右。

（5）喷雾加压泵及清水箱。薄煤层综采工作面轨道巷应设置喷雾加压泵和清水箱，泵站应设置 2 台喷雾泵，1 台使用，1 台备用。

①喷雾加压泵基本要求：

公称压力：大于或等于 16 MPa。

公称流量：大于或等于 315 L/min。

②清水箱基本要求：

公称容积：大于或等于 3000 L。

所配置的过滤器精度为 105 μm。

工作面的高压胶管应有安全防护措施。高压胶管的耐压强度应大于喷雾泵站额定压力的 1.5 倍。

刮板输送机、转载机、带式输送机喷雾系统如图 15 - 15 所示。

8. 粉尘冲刷

（1）坚持定期冲尘和清扫粉尘，在井下各地点杜绝积尘。

（2）采煤工作面、回风巷至工作面 100 m 范围内及进风巷移动变电站至工作面范围内的巷道，每班冲尘一次；采煤工作面回风巷距工作面 100 m 以外的巷道，每天冲尘一次；工作面进风巷移动变电站往外的巷道，每半个月至少冲尘一次。

（3）填写防尘管理牌板，牌板内容包括巷道冲刷周期、冲刷范围、冲刷日期等，并做好记录。当月将上一个月井下洒水记录带至地面保存，地面检查时，应提供上一个月起 12 个月内的洒水记录。

（4）采煤工区配备专责防尘人员，每班负责责任区内的防尘工作。

9. 工作面通风排尘

工作面风量应根据最优排尘风速的要求进行确定。

10. 煤层注水

工作面实行煤层注水，煤层注水可采用动压注水和静压注水两种方式。

1）动压注水系统

动压注水系统主要由注水泵、分流器、注水表、单向阀、阀门、压力表、高压胶管等组成。煤层动压注水系统如图 15 – 16 所示。

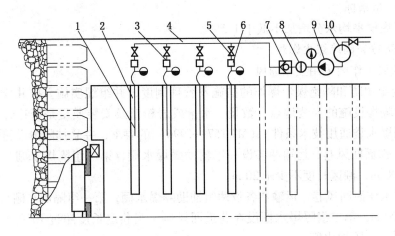

1—注水管；2—封孔材料；3—压力表；4—高压胶管及接头；5—阀门；
6—分流器；7—单向阀；8—注水表；9—注水泵；10—供水桶
图 15 – 16 煤层动压注水系统

2）静压注水系统

静压注水系统主要由注水表、压力表、阀门、高压胶管组成。煤层静压注水系统如图 15 – 17 所示。

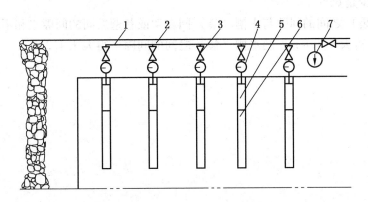

1—高压胶管；2—接头；3—阀门；4—注水表；5—封孔器；6—注水管；7—压力表
图 15 – 17 煤层静压注水系统

3）注水参数

（1）动压注水压力为 8 ~ 16 MPa，静压注水压力不小于 2 MPa。

（2）吨煤注水量应为 0.02 ~ 0.04 m³/t。

（3）同时注水钻孔数量，静压时为 2 ~ 3 个，动压时为 3 ~ 5 个。

（4）动压注水在采动影响区外进行，距工作面不小于 100 m。静压注水距工作面 40 ~ 100 m。

（5）当注水达到设计要求或钻孔周围煤壁有水渗出时，可结束或暂停对该钻孔或该组钻孔的注水。

4）注水量指标

注水后煤层平均水分增加不低于 1.5% 。

（四）预防和隔绝煤尘爆炸

（1）综放工作面采用独立通风。

（2）制定预防和隔绝煤尘爆炸的措施及管理制度，并组织实施。矿井应每周至少检查一次煤尘隔爆设施的安装地点、数量、水量或岩粉量及安装质量是否符合《煤矿用隔爆水槽和隔爆水袋通用技术条件》（MT 157—1996）的要求，并悬挂隔爆设施管理牌板。

（3）工作面回风巷、运输巷各设一组辅助隔爆水棚，第一组隔爆水棚与工作面的距离为 60～200 m，棚区长度不少于 20 m。

薄煤层工作面回风巷、运输巷各设两组辅助隔爆水棚，第一组隔爆水棚与工作面的距离为 60～200 m，第二组隔爆水棚设在巷道回风侧。当巷道长度超过 1000 m 时，每超过 1000 m 增设一组隔爆水棚。

（4）辅助隔爆水棚应满足以下要求：

①水棚包括水槽和水袋，水槽和水袋应符合《煤矿用隔爆水槽和隔爆水袋通用技术条件》（MT 157—1996）的要求，水袋宜作为辅助隔爆水棚并编号管理。

②水棚的用水量按巷道断面面积计算：水量不小于 200 L/m^2。

③水棚的排间距应为 1.2～3 m。

④水棚占据巷道宽度的和与巷道最大宽度的比例为：$S < 10$ m^2 时，至少是 50%；$S \geq 10$ m^2 时，至少是 65%。

⑤水槽（袋）之间的间隙与水槽（袋）同支架或巷壁之间的间隙之和不得大于 1.5 m，特殊情况下不得大于 1.8 m；两水槽（袋）之间的间隙不得大于 1.2 m。

第十六章 矿井防尘系统图

矿井防尘系统建成以后，为了便于防尘管理以及预防和处理灾害事故，按照《煤矿安全规程》及综合质量标准的要求，每一个矿井必须绘制防尘系统图。在系统图上通过标注和绘制一系列线段、图形符号和一系列数字，来描述防尘系统管路、三通阀门、防尘设施和隔爆设施在井下的相对位置。矿井防尘系统图通常在 1∶2000 或 1∶5000 的采掘工程平面图上直接绘制。那么，如果要很好地绘制和识读防尘系统图，必须对矿井的采掘工程平面图有所了解。

第一节 采掘工程平面图上识读各种巷道的方法

矿井巷道由各类井巷组成，有水平的、倾斜的，也有竖直的，有煤层的顶板岩巷、底板岩巷，还有平穿顶、底板及煤层的石门，等等。这些巷道分布在不同的位置，组成了一个纵横交错的巷道网。

识读采掘工程平面图，应具备判读巷道在空间的形态、位置及其相互关系的基本知识。

一、竖直、倾斜和水平巷道的识读

立井、暗（立）井等属于竖直巷道。图 16-1 表示一圆形截面的立井，右边标注井名，左边标注井口及井底的高程，箭头向里表示进风井，向外表示出风井。两高程之差即为井深，$H = +45.3 - (-180.5) = 225.8(\text{m})$。

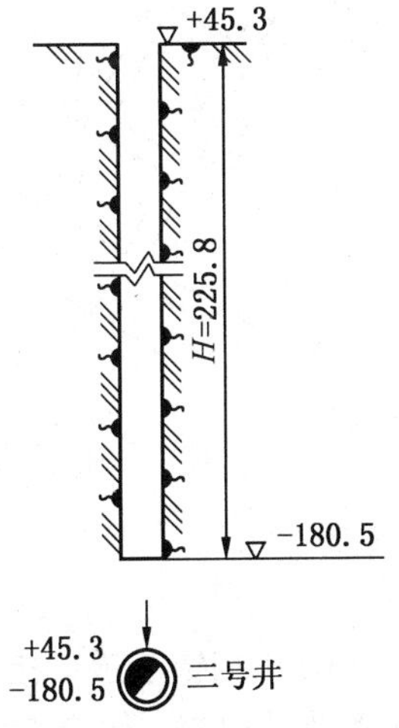

在平面图上，要注意区别钻孔和立井的符号。图 16-2 为几种钻孔的表示方式，均标有孔号、孔口及孔底（或煤层底板）的高程及煤厚，并标注了有煤、无煤及注浆等钻孔性质。在采掘工程平面图上，立井与巷道是联系的，而钻孔一般是孤立的。

图 16-1 立井的识读图

斜井、暗斜井、上（下）山等均属于倾斜巷道，其特点是倾角较大；平硐、石门、运输大巷、回风平巷等属于水平巷道(不是绝对水平，坡度为 3% ~7%)。巷道投影如图 16-3 所示。

在采掘工程平面图上，判别各种巷道倾斜与否，除了看巷道的符号和名称外，主要看巷道底板的高程。图 16-4 为某采掘工程平面图，其中图 16-4a 注明了巷道名称，我们知道上山为斜巷，顺槽及运输平巷为平巷；图 16-4b 图未注明巷道名称，但根据巷道底板高程的变化关系，同样可判断是平巷还是斜巷。

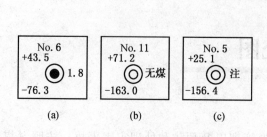

图 16 - 2　各种钻孔的识读

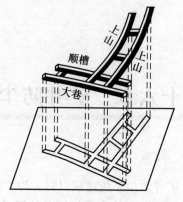

图 16 - 3　巷道投影示意图

二、相交、相错和重叠巷道的识读

巷道在空间有相交、相错或重叠等三种位置关系，它们在平面图上表示的特点为：

（1）相交巷道：指两条方向不同的巷道相交于一处，表示在平面图上，两相交巷道交点处的高程应相等（图 16 - 4b），上山与平巷相交，交点处高程相等。

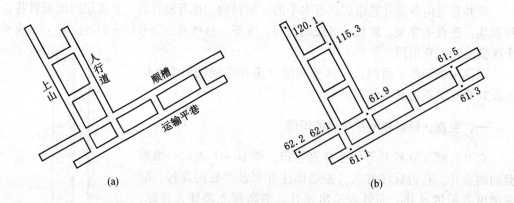

图 16 - 4　平巷及斜巷的识读

（2）相错巷道：指两条方向与高程均不同的巷道，在空间相错，表示在平面图上，两条巷道相交，但交点处的高程不等（图 16 - 5），其中图 16 - 5a 为示意图，图 16 - 5b 为采掘工程平面图，图中副巷与上山相交于 A，上山高程在 A 处约为 - 89 m，而副巷约为 - 123 m，两巷在 A 处的高差约为 34 m，故上山与副巷在 A 处相错。在平面图上，如果两巷道平行，但其倾向不同，或其倾向虽相同，但其倾角不等，则两巷道也是相错的（图 16 - 6）；一号斜井与上山，上山与暗斜井均属于上述情况。

（3）重叠巷道：指两条高程不同的巷道位于同一竖直面内。在平面图上表现为两巷道重叠在一起，但高程相差较大。图 16 - 7 为重叠巷道示意图，图 16 - 5b 中石门与上山重叠在一起，从巷道的高程可以看出，上山在石门的上方。

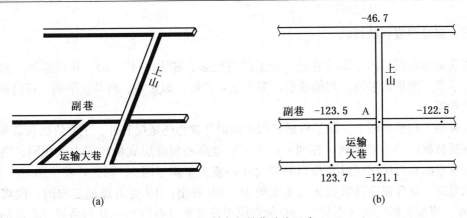

图 16-5 两条相错巷道的识读

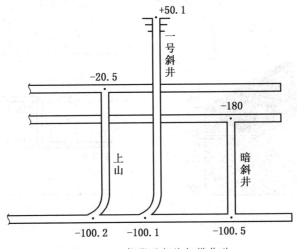

图 16-6 投影平行的相错巷道

由上可知，在采掘工程平面图上，判读两条巷道是相交、相错或重叠时，主要由两条巷道的高程决定。此外，用双线表示的巷道相交时，交点处线条中断（图 16-5b），相错巷道，上部的连续而下部的中断（图 16-6）。重叠巷道，位于上部的绘实线，下部的绘虚线（图 16-7）。

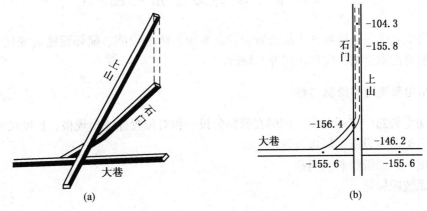

图 16-7 重叠巷道的识读

三、煤巷和岩巷的判读

煤巷是指在煤层内开掘的巷道，在采区内较多，如上（下）山、开切眼等。岩巷是指在煤层顶、底板岩层内开掘的巷道，多为主要巷道，如立井、斜井、平硐、石门和水平运输大巷等。

在采掘工程平面图上，除了根据名称来识别是岩巷还是煤巷外，主要依据巷道高程和煤层底板高程的关系来判断。在同一点上，巷道高程与煤层底板高程大致相同，则为煤巷；若巷道高程与煤层底板高程相差较大（高差大于煤厚时），则为岩巷。图 16 - 8a 为巷道示意图，结合识读其采掘工程平面图 16 - 8b 看出：AB 为沿煤层走向的一段煤层平巷，BE 为煤层底板岩巷（石门），AC 为煤层顶板岩巷（石门），CD 为沿煤层走向的顶板围岩平巷。

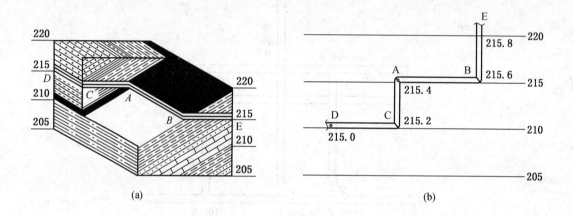

图 16 - 8 煤巷和岩巷的识读

综上所述，在采掘工程平面图上，判读各类巷道的形态和位置，主要是从巷道内高程的变化情况，不同巷道高程的相互关系以及巷道高程与煤层底板高程的关系来分析。

第二节 矿井防尘系统图

矿井防尘系统图是反映井下综合防尘管路系统、防尘设施、隔爆设施的安设布置图。防尘系统图要按季绘制、按月填图补充修改。

一、防尘系统图的绘制内容

（1）防尘管路、三通阀门，同时在管路敷设的相对位置标注出规格、长度尺寸等。

（2）各类防尘设施、隔爆设施。

（3）图例及图纸绘制说明栏。

（4）系统图标题。

二、各类防尘设施及隔爆设施的图形符号

1. 防尘管路

防尘管路采用线段绘制，如："——"。紫色线段表示直径为 159 mm 的管路。红色线段表示直径为 108 mm 的管路。绿色线段表示直径为 89 mm 的管路。蓝色线段表示直径为 60 mm 的管路。黄色线段表示直径为 32 mm 的管路。

管路的标注方式为：直径×长度，如 ϕ108 mm×1000 mm；管路长度按三通分岔点分段标准，单位为 m，尺寸及长度一律用黑色标注。

2. 其他设施图例符号

其他设施图例符号如图 16 - 9 所示。

由于各地采用的图例符号不尽相同，图 16 - 9 所示的符号只作参考。

三、图例各栏目的填制内容

（1）图例的主要内容包括：标题、名称、规格特性、图形符号、数量。

（2）图例的绘制式样格式见表 16 - 1。

四、图纸绘制说明栏的主要内容及格式

（1）绘制人及签字。

（2）审核人及签字。

（3）矿总工程师及签字。

（4）绘制、审核时间。

图纸绘制说明栏的式样见表 16 - 2。

图 16 - 9　防尘设施图例符号

（1）水幕　（2）转载喷雾　（3）隔爆设施　（4）爆破喷雾　（5）扒装喷雾　（6）锚喷除尘器（MC）　（7）水质过滤器　（8）除尘风机（FC）　（9）水池　（10）闸门　（11）放煤口喷雾　（12）架间喷雾

表16-1　图例的绘制式样

×× 矿综合防尘系统图图例

名　　称	规格特性	图例符号	数　　量
防尘管路	ϕ159	——（紫色）	
	ϕ108	——（红色）	
	ϕ89	——（绿色）	
	ϕ60	——（蓝色）	
	ϕ32	——（黄色）	
	合计		
水　幕	自动		
	手动		
载点喷雾	自动		
	手动		

表16-1（续）

名　　称	规格特性	图例符号	数　　量
隔爆设施			
爆破喷雾			
装岩扒装喷雾			
锚喷除尘器			
水质过滤器			
除尘风机			
水　池			

表16-2　图纸绘制说明栏

项　　目	签字人	日　　期
绘制		月　　日
审核		月　　日
总工程师		月　　日

五、防尘系统图的主要应用

（1）了解井下防尘设施、隔爆设施、防尘管路及三通阀门的位置，以便发生防尘事故时能够及时处理。

（2）通过对系统图纸的识读，可以对井下防尘管路、三通阀门、防尘设施、隔爆设施的安设位置、安设数量的合理性进行分析研究，以便及时纠正设施设置的不合理现象。

（3）作为编制通防计划和灾害预防处理计划的基础资料。

第三节　防尘系统图的绘制与识读

一、防尘系统图的绘制要求

（1）绘制图纸前应认真了解井下现场防尘措施的落实情况，掌握防尘设施、隔爆设施及防尘管路安设的位置和数量，并对照防尘措施台账和防尘管路台账进行图纸的绘制。

（2）各类设施、管路、三通阀门在图纸上的位置所安设的数量必须与井下现场相符合。

（3）描述防尘管路的线段必须绘制清晰，线条均匀流畅，主要干管应标注出规格和长度。

（4）各类设施在图纸上的标注必须清晰，易于辨认。

（5）图纸标题、图例及图纸绘制说明栏在系统图上的布局合理，一般标题在图纸的正中上方，图例在图纸的右下角，绘制说明栏在图纸的左下角。一般情况下也可将图例和说明栏组合绘制在图纸的右下角，且图例在上，说明栏在下。

（6）图纸的绘制应按照规定的时间进行，并及时按月填图，按季重新绘制新图。

二、防尘系统图的绘制

防尘系统图的绘制方法目前主要有手工绘制和采用计算机绘图。计算机绘制图纸的质量较好，并且填图或修改图纸比较方便，但需要一定的硬件设施和绘图软件才能完成，同时要求绘图人员必须掌握一定的计算机操作知识和绘图软件的应用知识。手工绘制防尘系统图是一项基本的绘图方法，下面主要介绍手工绘制防尘系统图的方法步骤（绘制时可参照图12－2）。

（1）准备好1：2000或1：5000的矿井采掘工程平面图。

（2）准备好绘图工具，主要有直尺、三角板、彩笔、图例符号刻章等。

（3）图纸绘制：

①首先沿主要轨道和带式输送机巷道至采区集中运输巷、采掘工作面、采区回风巷，按照管路的不同规格用彩笔分别将防尘管路绘制出来，再在描述管路的线段上标注出管路的规格和长度。

②在管路的相应位置绘制出三通阀门。一般情况下，由于受图纸比例的限制，对于巷道内50 m或100 m需设置的三通阀门和连接防尘设施设备的支管，在图纸上绘制时，显得密密麻麻，使图纸不够清晰，因此，可省略巷道内50 m或100 m需设置的三通阀门和支管，只绘制控制主干管供水管路的阀门。

③在采掘工作面和运输巷道内标注有关的防尘设施、隔爆设施，标注时直接用准备刻制好的图例刻章在设施安设的相应位置加盖即可。

④绘制图例和图纸说明栏，填写各类设施的安设数量。

⑤在图纸的正中上方用仿宋体填写标题，标题字号应与图纸的大小匹配

⑥检查图纸的绘制内容，是否有遗漏或者绘制错误。

三、矿井防尘系统图的识读

1. 矿井防尘系统图的识读要求

（1）首先应了解和掌握采掘工作面及其他巷道的相对位置和地点名称。

（2）应熟悉各类设施的图例符号。

（3）必须了解各类设施的作用。

（4）必须掌握防尘质量标准的要求。

2. 矿井防尘系统图的识读方法步骤

（1）首先识读图例及绘制时间，了解图例符号所代表的各类防尘设施、隔爆设施，以及各类设施的安设数量等。

（2）再进一步查读防尘设施安设的地点名称，辨别清楚巷道的相对位置和设施安设的位置，了解设施的种类、名称、数量及其作用。

（3）对照综合防尘质量标准，核查防尘系统图上出现的设施是否符合标准的要求。

第十七章　矿井发生瓦斯煤尘及火灾事故的处理

第一节　瓦斯、煤尘爆炸事故的处理

一、矿井瓦斯、煤尘爆炸事故的分类

（1）根据爆炸时瓦斯煤尘的参与状况，矿井瓦斯、煤尘爆炸事故大体可分为三类：一是纯瓦斯爆炸；二是纯煤尘爆炸；三是瓦斯、煤尘混合爆炸。

（2）对于瓦斯、煤尘混合爆炸的状况，又可分为：

①瓦斯爆炸引起煤尘爆炸。

②瓦斯、煤尘同时爆炸。

③煤尘燃烧爆炸的火焰波及瓦斯积聚地点引起瓦斯爆炸。

（3）根据爆炸事故波及的范围，瓦斯、煤尘爆炸事故，又分为局部爆炸、大型爆炸和连续爆炸三种：

①局部瓦斯煤尘爆炸事故是指发生在一个局部地点，如一个工作面或一条巷道的局部地点，爆炸范围较小，伤亡人员较少。

②大型瓦斯煤尘爆炸事故是指爆炸范围大，直接影响到一个采区或矿井一翼甚至全矿井，破坏区域大，伤亡人数多。

③连续瓦斯煤尘爆炸事故是指在发生第一次爆炸后，引起了火灾，瓦斯又积聚起来，达到爆炸浓度后又发生第二次、第三次甚至更多次的爆炸事故。这类爆炸事故多发生在高瓦斯矿井。不论是瓦斯爆炸、煤尘爆炸，还是瓦斯、煤尘混合爆炸都有各自不同的特点。

二、各类爆炸事故的主要特征

（1）发生纯瓦斯爆炸事故，爆炸后事故地点的主要特征是：有瓦斯积聚达到爆炸浓度的条件；爆炸后剩余的瓦斯浓度一般都在3%以上；没有煤尘燃烧的焦粒、焦渣、焦皮和沉积的煤尘。

（2）发生纯煤尘爆炸事故，爆炸后事故地点的主要特征是：在爆炸地点的巷道中有大量沉积的爆炸性煤尘，并有造成煤尘飞扬达到爆炸浓度的条件；爆炸后在爆炸地点的支架、支柱和机械设备上有燃烧后的焦粒、焦渣、焦皮，但是瓦斯浓度一般不超过1%。

（3）发生瓦斯、煤尘混合爆炸，爆炸后事故地点的主要特征是：既有瓦斯积聚达到

爆炸浓度的条件，又有大量爆炸性煤尘；爆炸后的现场，既有 3% 以上的瓦斯浓度，又有大量煤尘燃烧后的焦粒、焦渣、焦皮存在。

三、瓦斯煤尘爆炸事故的处理

矿井发生瓦斯煤尘爆炸事故后，巷道通风设施、生产设备被冲垮，通风系统被破坏，爆炸灾区充满了烟雾和有害气体，人员伤亡严重。因此，处理瓦斯煤尘爆炸事故的主要任务：一是首先组织救护队侦察灾区情况，抢救遇难人员；二是如果爆炸引起火灾，要及时扑灭火灾，防止再次引起爆炸；三是采取最快的措施恢复灾区通风；四是寻找爆源，查明引爆原因。具体处理方法，应有处理事故的指挥员根据爆炸事故的范围大小和伤亡人数多少而定。

1. 局部瓦斯煤尘爆炸事故的处理

如果在一个掘进工作面、一条巷道或一个采煤工作面发生局部瓦斯、煤尘爆炸事故，如果其范围较小、对巷道破坏不大、伤亡人数在 10 人以下，其处理方法如下：

（1）要迅速组织两个救护小队抢救遇难人员。到达事故现场的小队应首先侦察爆炸区域的情况，检查 CH_4、CO、CO_2 的含量，按照先抢救活人后抢救死人、先抢救重伤后抢救轻伤的原则，积极抢救遇难人员。在抢救遇难人员时，要注意遇难人员的姿势和倒向，并做好记录。抢救时严禁不佩用呼吸器的人员进入爆炸区域，防止人员中毒扩大事故。

（2）在组织抢救遇难人员的同时，要组织通风人员向灾区附近运送局部通风设备，准备迅速恢复爆炸区域的通风。

（3）如果爆炸区域巷道距离较长、温度高、烟雾大、巷道冒落严重，应迅速采取安装局部通风机、逐段接好风筒、逐段稀释烟雾的方法抢救遇难人员。这种方法处理瓦斯煤尘爆炸事故，既能保证速度，又比较安全稳妥。

2. 大型瓦斯煤尘爆炸事故的处理

大型瓦斯煤尘爆炸事故，一般发生在瓦斯积聚、煤尘沉积比较大的采区。由于瓦斯、煤尘量大，爆炸时产生的冲击波在短时间内可能发生风流逆转，爆炸火焰以及有毒气体会很快波及一个采区或矿井一翼，甚至波及整个矿井。其伤亡人员多，破坏性大，以致会把矿井巷道和工作面冲垮、生产设备冲坏、通风系统冲乱，造成巷道堵塞，遇难人员被砸埋到冒落的煤岩下边，给抢救工作带来很大困难。因此，对大型瓦斯煤尘爆炸事故的处理方法如下：

（1）要迅速调动 6 个以上的矿山救护小队赶赴事故矿井进行抢救。先到达事故矿井的救护队要首先抢救遇难人员，侦察爆炸灾区的情况，查清灾区范围和伤亡人员所在的地点、通风系统和巷道破坏情况，以及有害气体、烟雾浓度等情况。

（2）处理事故的指挥员，应根据灾区的侦察情况，安排各救护队的抢救地点和抢救任务。

（3）如果抢救条件复杂、抢救时间较长时，指挥员应组织救护队分班次连续抢救。

（4）对大面积的瓦斯煤尘爆炸事故，要采取逐段恢复通风、逐步缩小灾区范围的方法，抢救遇难人员。要组织救护队对破坏的通风设施，用建造临时风门、临时密闭的方法，逐段恢复灾区通风；如有长距离的独头巷道时，也要用安装局部通风机、逐段接风筒的方法恢复通风，抢救人员。只要恢复了通风，就是遇到冒顶堵塞巷道也有能力组织力量处理，加快抢救速度。

（5）处理事故时应做到以下几点：一是要尽快缩小灾区的范围，将较大的有毒、有害气体的灾区逐段解放，为加快抢救整个事故创造有利条件。二是要尽快缩短抢救人员到遇难人员的距离，为抢救遇难人员，特别是救活遇险人员赢得最宝贵的时间。同时，也减少救护人员佩用氧气呼吸器的时间并减轻他们的劳动强度，为实现安全救护创造有利条件。三是可以直接改善灾区的环境，为不能佩戴氧气呼吸器的人员创造一个能直接参加抢救工作的条件，以调动各方面的力量，加快事故处理。四是采用逐段恢复通风的方法为井下事故抢救指挥逐步靠近灾区创造条件，便于指挥人员及时掌握灾区的变化情况，及时采取针对性的处理措施，为迅速正确地处理事故奠定基础。

3. 连续瓦斯煤尘爆炸事故的处理

连续瓦斯煤尘爆炸事故，多发生在高瓦斯矿井和煤尘爆炸指数高、积尘较严重的矿井。因此在处理高瓦斯矿井的火灾和瓦斯煤尘爆炸事故中，若有引燃的明火时，要特别注意防止瓦斯连续爆炸事故的发生。造成连续爆炸的原因很多，有的是在瓦斯煤尘爆炸时冲开了火区密闭，自燃火灾再次引起瓦斯连续爆炸；有的是爆炸后冲击波打乱了通风系统，使爆炸区域的瓦斯再次积聚达到爆炸浓度，接触了第一次爆炸引燃的明火又引起再次爆炸；也有的是局部瓦斯爆炸震动使煤尘飞扬或冲开附近的独头盲巷的密闭，使盲巷瓦斯泄出，接触了爆炸时引起的明火，又发生再次爆炸；还有的是爆破时引起瓦斯燃烧，在处理瓦斯燃烧引起的火灾时，不注意加强通风或担心加强通风会加大火灾，使瓦斯再次积聚发生连续爆炸。这类爆炸事故会给抢救人员带来极大的困难和生命危险。所以在处理有连续爆炸危险的事故时，指挥员一定要沉着、冷静、慎重地分析连续引爆的地点和原因，查清第一次爆炸到第二次爆炸的间隔时间和规律，按照连续爆炸的规律，提出避免连续爆炸，防止事故扩大的措施。其处理方法如下：

（1）救护队在进入爆炸区域抢救人员时，应携带灭火器具，发现明火及时扑灭。如果火势大，不能在短时间扑灭时，要迅速采取措施加强通风，稀释瓦斯，避免瓦斯达到爆炸的浓度，防止连续爆炸事故的发生。

（2）利用爆炸间隔时间封闭连续爆炸区域。如果火势大，既不能在短时间内扑灭，又不能迅速恢复通风稀释瓦斯浓度，有再次瓦斯爆炸的危险时，救护队应迅速抢救出受伤人员，撤离爆炸区域，利用连续爆炸的间隔时间封闭连续爆炸区域。在封闭时，应先在连续爆炸区域进回风巷打上防爆密闭墙（墙厚应根据爆炸时的威力确定，但一般不小于4.5 m），在防爆墙的掩护下，再打隔断进回风流的密闭墙。为防止爆炸冲开密闭墙造成人员伤亡，在封闭时要采取进回风同时封闭的方法。密闭墙打完后，人员要立即撤离现场，24 h后，待灾区瓦斯浓度超过爆炸上限或氧气浓度降到12%以下后，才能到密闭前观察情况或进行加固。

（3）向连续爆炸区域注入惰性气体。对爆炸区域封闭后，可以通过密闭墙上预留的管子孔或向连续爆炸地点打钻孔，向爆炸区域注入惰性气体，如二氧化碳、氮气等，来冲淡氧气，使氧气浓度较快地降到12%以下。

（4）在消除连续爆炸危险的情况下，可以指挥救护队进入灾区抢救遇难人员或用直接灭火的方法，扑灭引爆火源后，再用逐段恢复通风的方法排除有害气体；并处理冒落巷道，抢救冒落巷道下边的遇难人员。

第二节　矿井火灾事故的处理

一、矿井火灾的处理方法

矿井火灾的处理方法有三种：一是直接灭火法（或称为积极灭火法）；二是隔绝灭火法（或称为间接灭火法）；三是综合灭火法（或称为联合灭火法）。在灭火时采用哪一种灭火方法，是根据火灾发展的大小和发生地点的条件及灭火的人力、物力来选择的。各种灭火方法的特点介绍如下。

1. 直接灭火法

直接灭火法就是利用现有的灭火器材，如水、各种灭火器、胶体泥浆、岩粉等不燃性材料直接灭火。直接灭火法中包括：

（1）用水灭火。用水灭火的优点：操作方便、费用少、灭火速度快，是最常用的方法之一。用水灭火见效快，因为水能直接夺取燃烧物的热量。据测定，1 kg 水喷到火上变成水蒸气能吸收 2633 kJ 热量，同时 1 kg 水能产生 1700 L 水蒸气，覆盖到燃烧物上会使燃烧物附近氧气含量相对减少，抑制火的发展。另外，利用水喷射的压力，可将燃烧物体破碎，所以能很快把火灭掉。只要能接近火源，用水直接灭火是最有效的。但用水灭火也应注意以下几点：

①要有充足的水源和足够的水压，能保证不间断供水。

②采用正常通风，能使灭火时产生的水蒸气顺利排掉，防止水蒸气逆流和爆炸。

③灭火人员应在进风侧，灭火时应由火源边缘逐渐向火中心喷水，要防止产生大量的水蒸气而造成爆炸。

④要经常检查火区附近的瓦斯变化情况，防止引起瓦斯燃烧或爆炸。

⑤电气设备着火时，不停电不能用水灭火；油类着火时，不能用水灭火。

⑥用水灭火时，不能把水直接喷到烧热的顶板上，防止击碎顶板造成冒顶事故。

（2）干粉灭火。干粉灭火剂是一种固态物质，用它制成的小型灭火器、灭火手雷、灭火弹，在井下都比较方便使用。扑灭初期明火、油类火和电气设备等小型火灾，效果较好，尤其在无水或缺水的情况下，它是较好的灭火工具。但扑灭自燃火灾、大型火灾效果较差。

（3）高倍数泡沫灭火。高倍数泡沫灭火就是把原有的液体泡沫剂，利用机械制成膨胀几百倍的泡沫（像肥皂泡一样）。现在用的高倍数泡沫灭火，发射泡沫的方法有两种：

①利用潜水泵把泡沫液吸引到水中和水混合后喷到风机前方的网罩上，再用风机的正压力，把泡沫吹到燃烧物体上，覆盖燃烧物、隔断空气、吸收火的热量，使火的温度降低，达到灭火的目的。这种灭火方法，只适合用于外因火灾，特别是油类火灾。因为泡沫中含水量有限，只能扑灭燃烧物表面明火，对深部的火和自燃火灾不太适用；使用的条件还必须有进回风系统。发泡沫降低火区温度后，必须紧接着进入火区，用水扑灭深部之火，否则就会出现复燃。

②用一种特制的喷枪，利用喷水时产生的负压，吸进高倍数泡沫液，在水枪内混合制

成泡沫，直接将泡沫喷到燃烧物体上，达到覆盖和吸收燃烧物热量，实现灭火的目的。这种方法使用起来比第一种方便，但发泡的倍数不如第一种。

对泡沫剂的标准要求：一是泡沫倍数要达到 500 ~ 700 倍，倍数过高泡沫含水量减少，降低灭火效能；二是稳定性不少于 120 min 为好；三是泡沫脱水率越少越好，国内暂定泡沫发成后 5 min 内不脱水、15 min 脱水不大于 50%。

（4）用注泥浆和水胶体泥浆充填灭火。有注浆和水胶体泥浆充填系统的矿井，在采空区着火时应采用注浆、注胶体泥浆的方法直接灭火。

2. 隔绝灭火法

这种灭火法就是通常讲的密闭法。其实质是在通向火区的巷道里构筑密闭墙，断绝火区供风，使火区中的氧气含量逐渐减少，二氧化碳含量逐渐增加，使燃烧物因缺氧自行熄灭。这种方法一般在接近火源有困难、不能直接灭火或直接灭火的水源和灭火能力不足时使用。

（1）采用隔绝灭火法应注意的事项：一是在保证安全的情况下，尽量缩小火区范围。二是打密闭墙时，应先封闭进风，后封闭回风。这样可迅速减少火区的供氧减弱火势，减少在回风巷封闭时的困难，如果先封闭回风巷，后封闭进风巷，会给封闭人员带来困难和危险。三是进回风同时封闭时，进回风都必须在同一时间断绝风流。这种方法主要用于有瓦斯的火区，封闭时间要短，火区瓦斯不易达到爆炸界限，封闭完成后要迅速撤离工作人员。

（2）密闭墙的种类：临时密闭墙、永久密闭墙和多层混合式密闭墙。

（3）在封闭火区的基础上，为了加速火的熄灭，还可采取向封闭的火区内注入氮气、二氧化碳等惰性气体的方法来加速火的熄灭。

隔绝灭火的缺点是灭火时间长，有的几个月或几年还灭不了火，影响生产。

3. 综合灭火法

综合灭火法就是将隔绝灭火法和直接灭火法相结合的方法。使用这种方法的条件：一是当火势大、温度高、人员难以接近火源直接灭火时，要先用密闭墙把火区封闭起来，待温度、火势下降后，再打开密闭用直接灭火法灭火；二是对范围比较大的火灾，首先用密闭的方法把火区封闭起来，也可用密闭的方法把一个范围较大的火区分成几段，用移动密闭墙逐段缩小火区范围的方法灭火；三是火灾发生在老空区，人员难以找到和看到火源时，也要首先用密闭墙把火区封闭起来，而后再向火区内打钻孔，注泥浆、注胶体泥浆、注粉煤灰灭火；四是没有直接灭火器材和无灭火手段时，如没有水源和灭火水泵等，就要先把火区封闭起来，待准备好灭火器材后，再打开火区直接灭火。

二、外因火灾的处理

外因火灾的特点是来势猛，发展速度快，对井下人员的生命安全威胁大。所以处理外因火灾的主要任务：一是要采取措施以最快的速度撤出受火灾威胁的所有人员；二是迅速采取措施，组织矿山救护队抢救灾区遇难人员；三是采取措施控制和消灭火灾。为此处理火灾的指挥员必须分析掌握以下情况：

（1）首先要分析火灾威胁着哪些地点的人员。因外因火灾多发生在进回风巷道中，有足够供给火区燃烧的氧气，并能使火灾产生的有害气体和烟雾顺风流到处蔓延，烟雾蔓延到哪里，哪里的人员就有中毒或死亡的危险。从理论上计算，如果井下巷道用的是直径为 18 cm、棚腿高 2.1 m、棚梁 2.4 m 长的木支架，一架木棚燃烧后就可产生 97 m^3 一氧化碳。在巷道断面面积为 4 ~ 5 m^2、长 2000 m 的巷道中，一氧化碳浓度可达 1% ~ 2%，人呼吸后就可立即中毒死亡。若是输送带着火，产生的气体就更复杂，除了一氧化碳外，还有其他有毒气体，对人体危害更大。

(2) 在处理火灾时要分析掌握火势蔓延的方向。火势蔓延的方向与风流速度有关。当巷道空气流速为 0.5 m/s 以下时，火势是逆着风流方向蔓延的；当空气流速达到 0.6 ~ 1.7 m/s 时，火势可以反向蔓延，也可顺风流方向蔓延；当空气流速超过 1.7 m/s 时，火势只能顺着风流方向蔓延。但火灾发生在倾斜巷道中时，如果风流是下行，由于火风压的作用，火势也可逆风流向上蔓延。

(3) 处理火灾时，通风方法的选择。处理井下火灾时通风方法选择正确与否，对抢救人员和灭火工作的效果，起着决定性的作用，因此，在处理火灾时，应把通风问题放到首位来考虑。在弄清火灾情况、井下遇难人员的分布、通风系统、瓦斯聚积、支架和设备等情况后，要正确选择通风方法。处理火灾时通风方法有：正常通风、增减风量、反转风流（全矿反风或局部反风）、风流短路、隔绝风流、停止通风机运转。不管选择何种通风方法，都必须掌握以下原则：

①有利于迅速抢救遇难人员。

②避免瓦斯聚积、煤尘飞扬，造成爆炸。

③不危及井下人员的安全。

④避免火源蔓延到瓦斯聚积的地点，也避免超限的瓦斯通过火源。

⑤有助于阻止火灾扩大、控制火势，创造接近火源的条件。

⑥防止再生火源的发生和火烟的逆转。

⑦防止火风压的形成，避免造成风流逆转。

(4) 熟悉每一种通风方法的特点，及时掌握火灾现场的变化情况，灵活运用调节通风的方法，来保证抢救人员的安全和灭火措施的实现。

(5) 在处理井下火灾时，尤其是外因火灾，要特别注意火风压造成的风流变化。火风压的方向总是向上发展的。当火源发生在上行风流中，火风压的方向与风流方向一致，由于火风压的作用会使风速加快、风量加大，使火烟的蔓延速度加快。当火灾发生在下行风流中，火风压与风流方向相反。火风压小时，可以减少风速和风量；火风压大时，还会造成风流逆转。特别是火灾发生在倾斜巷道中，从上向下沿进风方向灭火时，如果发生风流逆转就直接威胁着灭火人员的生命安全。例如，1990 年 5 月 8 日鸡西矿务局小恒山矿，工人在斜井第一部带式输送机和第二部带式输送机搭接处烧焊时，引起火灾，引燃了第一部带式输送机。矿总工程师和机电副总工程师带领 9 名人员顺带式输送机斜井下去，探查火情，由于火风压的作用风流发生逆转，火烟逆着原来进风斜井风向向地面蔓延，使探查火情的救护人员和两名总工程师全部遇难。因此处理火灾事故的指挥员，事先一定要考虑到火风压的问题，并提出防止火风压造成事故扩大的措施。

火灾发生在下行风流中时，预防风流逆转的措施如下：

①加大下行风量，抵制火灾的火风压，防止形成风流逆转。

②顺其自然实行局部反风，把下行风流改为上行风流。但是在改变风流前，必须在火

源上侧设隔火水幕，能在改变风流后，控制火源向上蔓延。

③决不能停止有关的主要通风机运转，如果主要通风机停止运转，风流会立即发生逆转。

在上行风流中发生火灾时，预防火灾蔓延的措施如下：

①在有条件的地点可以在火源进风侧调节风流短路，减少通向火源的风量。

②在火源进风侧建造临时调节风门，控制通向火源的进风量，减小火灾蔓延速度，避免火区瓦斯浓度达到爆炸界限。

③在低瓦斯矿井中，可以先封闭火源进风，使火风压降低后，再控制回风。

④火源发生在上行风流平巷和上山三岔门处时，由于火风压向上发展的作用，火源一定会加速向上山方向蔓延。所以要采取措施控制通向上山的风量，减少火势的蔓延。

⑤火源发生在总回风上山时，为控制火灾向风井蔓延，也可停止通风机运转，减少火源的蔓延速度。

三、自燃火灾的处理

自燃火灾的发生比较有规律。其特点是多发生在人员不能接近的采空区，有的只见烟雾不见火源，扩展速度比较缓慢，人员伤亡比外因火灾少。这类火灾多发生在采煤工作面附近，对生产影响很大。有的自燃火灾直接影响几个采煤工作面或使一个采区几个月不能生产，直接经济损失严重。因此处理自燃火灾的主要任务就是采取一切措施灭火，控制火灾向生产区域扩展，以保证生产工作的正常进行。要根据火灾发生的地点和条件采取不同的处理方法。

1. 综采工作面自燃火灾的处理

随着采煤工作面机械化程度的不断提高，综采工作面的自燃火灾逐渐增多，因此处理综采工作面的自燃火灾已成为当前现代化矿井的一项重要任务。综采工作面的火灾多数发生在开采线和终采线。对综采工作面火灾的处理原则是：既要积极采取措施灭火，又要保护昂贵的综采设备。所以在处理方法上和一般地点的自燃火灾处理方法不同：一是设备大而重，不能在短时间内撤出；二是为了保护综采设备，不能完全封闭火区，断绝供风，只能在减少风量的情况下，采取一切积极方法灭火，即"多种直接灭火法"。具体措施包括以下几点：

（1）在综采工作面发现明火，应接上水管，组织救护人员用水枪直接喷水灭火，保护综采设备，防止被火烧坏。

（2）若综采支架顶部或后部着火，用喷水的方法灭不了火源时，应采取向火点插铁制水管注水的方法直接灭火。

（3）向火点插水管有困难时，可采用煤电钻打钻孔后，再向钻孔内插水管注水灭火。

（4）在采取以上灭火法的同时，还可在火区附近巷道选点，向火点高处打钻孔，并注浆（泥浆、粉煤灰浆或胶体泥浆）灭火。

2. 采煤工作面的进回风巷自燃火灾的处理

采用沿空留巷或沿空送巷布置采煤工作面的进回风巷，容易造成巷道漏风，使进回风巷顶部或两帮发生自燃。当火灾发生在采煤工作面的进风巷时，烟雾和一氧化碳会直接进入工作面，影响工作人员的生命安全，并迫使撤出人员，停止生产；当火灾发生在采煤工作面的回风巷时，会直接切断工作面的安全出口，影响行人、运料，并威胁工作面的安全生产。无论火灾发生在进风巷还是回风巷，都会影响采煤工作面的安全生产，都必须立即采取措施进行处理，其处理方法如下：

（1）若有条件能直接用水灭火时，应首先组织救护队用水直接灭火。

（2）无直接灭火条件时，应组织矿山救护队和喷浆工人，用喷浆机向着火的一段巷道喷混凝土浆，封堵火区减少烟雾和一氧化碳喷出。

（3）在喷浆封堵、减少烟雾的基础上，在着火的巷道内使用套棚、造假顶，进一步封堵火区，可为注浆灭火创造条件。其具体做法如下：一是在原有巷道棚梁下边距原棚梁150～200 mm 支上套棚（套棚宽度和原支架一样）；二是再在套棚上铺上 25～30 mm 厚的木板，两帮也要用木板或水泥背板背严；三是使用喷浆机将套棚上边和背板后边空隙用水泥浆喷严，形成水泥假顶。要支好一架棚，喷好一架棚，直到把着火巷道堵严为止。这样既封闭了火区，又为向火区注浆打好了基础（图 17-1）。

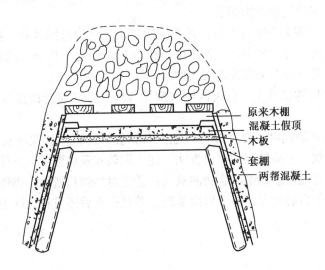

原来木棚
混凝土假顶
木板
套棚
两帮混凝土

图 17-1　支套棚、喷浆造假顶，封堵火区示意图

（4）在支好套棚、造好假顶和封闭火区的基础上，再从巷道进风侧或附近巷道向火点上部打钻孔，接通注浆管路，直接向火点注浆灭火，也可在造假顶堵漏的同时，向火点打钻孔。如果有条件，也可先把注浆管子插到火点后再喷浆堵漏，这样可减少钻孔，加快灭火时间。

（5）注浆时，为防止积水太多，会把某一地点鼓开，要根据注浆的流量大小和火区泄水速度，采取间断注浆。间断注浆的时间应根据现场实际情况确定。

采取以上灭火法，灭火速度快、效果好；灭完后，该巷道不影响正常使用。

3. 对其他巷道中自燃火灾的处理

在厚煤层中，一些沿底板掘进留顶煤的运输巷、带式输送机运输巷、回风巷、探煤巷等，因在掘进中顶煤松动冒落或被顶煤压酥，以及煤巷打得宽，用浮煤充填巷道两帮，都有可能造成煤炭自燃。在这样的巷道中着火，会直接影响一个采区或更多地点的安全生产。对这些巷道火灾的处理方法如下：

（1）在有条件接近火源的情况下，用水直接灭火。

（2）火源在巷道顶部或两帮深部，用水直接灭火达不到火源点时，要采用煤电钻或其他钻机向火点深部打钻孔，采用插管注水灭火的方法灭火。这种方法具有灭火速度快、效果明显的优点。

（3）无法采用煤电钻打钻孔用插管注水灭火时，可采用以上所述的采煤工作面进回风巷的喷浆堵漏、套棚造假顶处理自燃火灾的方法。

4. 采空区自燃火灾的处理

采空区自燃火灾，多数发生在采空区的上下煤柱，开采及终采线的煤柱区内，以及残采工作面留下的煤柱和采空区丢煤多的地点。由于对采空区封闭不严，漏风造成煤氧化自燃。这些地点着火后，烟雾和一氧化碳直接影响附近工作面的安全生产。有的只能见到烟雾和测到一氧化碳，看不到火源；人员很难接近火源，只有通过分析，判断着火的具体地点。

采空区自燃火灾的处理方法如下：

（1）封闭火区发现采空区着火后，首先应封闭采空区的进回风巷，断绝向火区供氧，控制火势的发展。由于有的采空区上下串联，很难封闭严密，几个月或几年都灭不了火。所以应在封闭火区的基础上采取其他灭火措施。

（2）在封闭火区的基础上，向火区注入惰性气体，如二氧化碳或氮气等，冲淡氧气加速火灾扑灭。

（3）在封闭火区的同时，要选择适当地点打钻孔，向火点注浆灭火。这是处理采空区自燃火灾速度较快、效果较好的灭火方法。注入泥浆和胶体泥浆灭火效果较好：①能直接吸收火灾热量；②能直接隔绝燃烧物的氧气；③能对燃烧物增加不燃性物质。一般用注泥浆的方法来扑灭的自燃火灾，不会再次复燃，并且灭火后还可将火区附近的煤炭回采出来。

参 考 文 献

［1］穆智宏．煤矿防尘与粉尘检测［M］．济南：黄河出版社，1991.

［2］任洞天．矿井通风与安全［M］．北京：煤炭工业出版社，1984.

［3］钱钟德，王家棣．矿井通风与安全技术［M］．北京：煤炭工业出版社，1985.

［4］胡大明．煤矿井下通风与安全技术［M］．北京：煤炭工业出版社，1989.

［5］邹在邦，史惠昌．建井通风与安全［M］．北京：煤炭工业出版社，1986.

［6］煤矿安全必读编写组．煤矿安全必读［M］．徐州：中国矿业大学出版社，1999.

［7］关桂良．矿井绘图［M］．北京：煤炭工业出版社，1987.

［8］卢鉴章．煤矿安全手册（第三篇）［M］．北京：煤炭工业出版社，1991.

［9］兖矿集团．兖州矿区矿井通风与安全技术［M］．北京：煤炭工业出版社，2001.

［10］许瑞祯．通防工［M］．北京：煤炭工业出版社，1997.

［11］国家安全生产监督管理总局，国家煤矿安全监察局．煤矿安全规程［M］．北京：煤炭工业出版社，2016.

［12］中国煤炭工业协会．AQ 1020—2006　煤矿井下粉尘综合防治技术规范［S］．北京：煤炭工业出版社，2006.

图书在版编目（CIP）数据

矿井防尘工：初级、中级、高级/煤炭工业职业技能鉴定指导
中心组织编写．－－修订本．－－北京：煤炭工业出版社，2016
煤炭行业特有工种职业技能鉴定培训教材
ISBN 978－7－5020－5327－7

Ⅰ．①矿… Ⅱ．①煤… Ⅲ．①煤矿—除尘—职业技能—鉴定—
教材 Ⅳ．①TD714

中国版本图书馆 CIP 数据核字（2016）第 143676 号

矿井防尘工 初级、中级、高级 修订本
（煤炭行业特有工种职业技能鉴定培训教材）

组织编写	煤炭工业职业技能鉴定指导中心
责任编辑	杨晓艳
责任校对	邢蕾严
封面设计	王 滨

出版发行 煤炭工业出版社（北京市朝阳区芍药居 35 号 100029）
电 话 010－84657898（总编室）
　　　　 010－64018321（发行部） 010－84657880（读者服务部）
电子信箱 cciph612@126.com
网 址 www.cciph.com.cn
印 刷 北京市郑庄宏伟印刷厂
经 销 全国新华书店

开 本 787mm×1092mm $\frac{1}{16}$ **印张** 14 **字数** 332 千字
版 次 2016 年 10 月第 1 版 2016 年 10 月第 1 次印刷
社内编号 8184 **定价** 30.00 元